うさぎのヒミツ

監修・樋口悦子（ウサギ専門クリニック vinaka 院長）
絵・森山標子

はじめに

ウサギたちは物言わないとされますが、私はすごくおしゃべりだと思っています。表情豊かでとっても素直に気持ちを伝えてきます。

垂れ耳のお耳をパタパタしながら走ったり、嬉しすぎて横っ跳びしたり。これ以上はできないほどにぺったんこになってナデナデを満喫したり、座っている足元にピッタリくっついて寝る姿。拗ねてお尻を向けてしまうところ、歳を重ねて頑固になる様子。そのすべてが愛おしいと思える動物です。

私には「ウサギ医療に特化した獣医師になる」という道を選ばせてくれた歴代のウサギたちがいます。

最初のウサギは幼稚園で飼われていたのを引き取った子。そのころは外飼いが一般的だったため、暑い夏の日にぐったりとしていたところを父の車で慌てて動物病院へ。その道中に、私の腕の中で息を引き取りました。その子に何もしてあげられなかったことが悲しくて、自分が治せるようになりたいと思ったのを覚えています。

高校生の頃にお迎えした子は、ある日、食べなくなって近所の病院へ行きましたが、原因が分からず…。いくつも病院を転々とし、最終的には県をまたいでやっとウサギをきちんと診てもらえる病院に辿り着くことができました。

獣医師になってから引き取った子は、後ろ足が不自由でしたが前足で元気に走り回る男の子。

毎日、朝晩の圧迫排尿とお尻洗い。一見大変そうに思えるかもしれませんが、私にとってはたくさん触れ合えて、体を預けてくれる大切な時間。何にも代え難いふたりの時間だったのです。どんなに疲れて帰っても、この子のお世話をしてから一緒にごはん。私が食べていると必ず一緒に食べます。そしてお腹いっぱいになると私にくっついて寝てしまいます。その姿に何度も癒されました。

そして、犬や猫と同じようにウサギの治療もできる日本を目指して、ウサギ医療の道を切り拓いた斉藤久美子先生に師事し、私自身もウサギ道を進むことができました。

この約10年でウサギに関する情報は次々と更新され、ひと昔前に推奨されていた情報が今では全く用いられなくなっていることもあります。「ウサギに水をあげると死んでしまう」なんて今では誰も信じないですよね。ウサギという動物について少しずつ研究や理解が進み、ヒトとウサギとのより良い暮らしのための情報がたくさん増えてきました。それが故に昨今では、古くなってしまった情報も正しい情報もまぜこぜになって検索結果として現れます。この本では、最新の正しい情報をできるだけ詰め込みました。ただ飼うだけでなく、ウサギもヒトも楽しい、幸せと思える生活になるよう、いろんな工夫も提案しています。

この本を手に取ってくださった方のより良いウサギ生活へのヒントとして、本書をお役立ていただければ幸いです。

ウサギ専門クリニックvinaka院長
樋口悦子

うさぎのヒミツ

Contents

3章 お世話のヒミツ

4章 シニアのヒミツ

1章

かわいさのヒミツ

うさぎのかわいいパーツと
不思議な体のヒミツを
生物学の目線で解説します。

耳のヒミツ

うさぎといえば、長い耳

ネザーランドドワーフ、ホーランドロップ、ミニウサギ、
アンゴラ、レッキス、ジャージーウーリー…。
うさぎの種類によって
長さや形はいろいろだけれど、
どの耳も魅力的。
今日も世界中でうさぎの耳が
人には聞こえない小さな音に気づいて
ピンと立っていることでしょう。

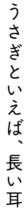

敵から逃げるために大きくなった耳

うさぎが長い耳を持つのは、音がよく聞こえるように進化したためと考えられています。野生下で暮らすうさぎは常に肉食動物から狙われています。近づいてくる敵の足音を聞き逃さないよう、音を集めるために耳の面積がパラボラアンテナのように広くなったのではないかと言われているのです。実際の研究でも、うさぎは犬と同じくらい耳がよいことが証明されています。

しかし、うさぎの耳の長さや大きさが聴力にどれぐらい影響しているのかは正確にわかっていません。アマミノクロウサギは天敵がいない環境に住んでいるので耳が小さいという説が昔はありました。近年研究が進むにつれて、環境は関係なく、もともと耳が小さい種類なのではないかとする説も浮上しています。うさぎたちの耳のサイズについては、さらなる研究が待たれます。

たれ耳うさぎも耳は動く

ホーランドロップなどのたれ耳うさぎの耳にも筋肉があるので、音がする方向に動くことがあります。

左右の耳で全方向の音を拾う

耳は音がする方向に向く仕組み。片耳ずつ、両耳同時に、どちらにも動かせます。耳の付け根にある筋肉が発達しているので自在に動かせます。

《 世界のうさぎ 》

耳の大きさは種類によって異なる！

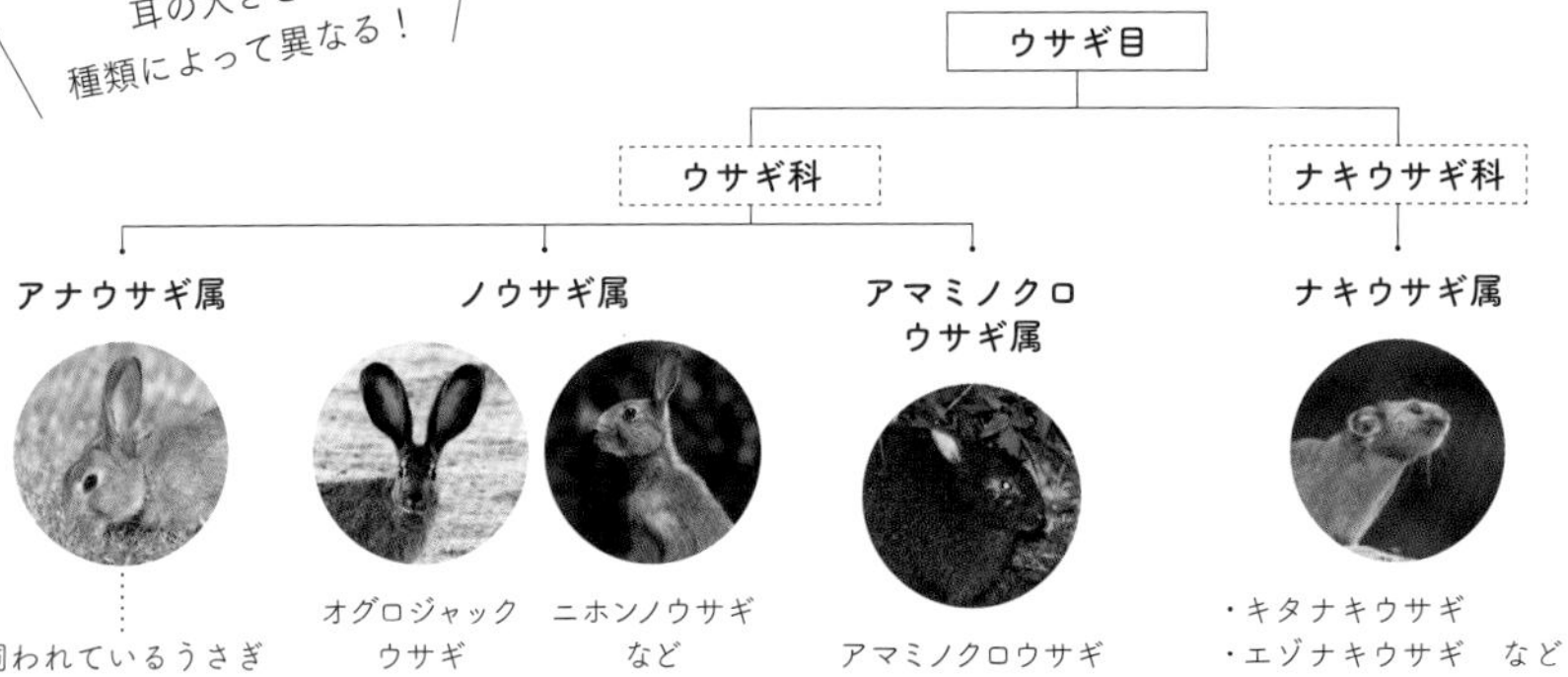

耳は体の熱を逃がす放熱器官

耳が大きいもう一つの理由は、うさぎが汗をかきにくいことに関係しています。うさぎの体には、汗を出す「汗腺《かんせん》」があまりありません。犬は舌を出してハアハアすることで体にこもった熱を逃がし、足裏の肉球や湿りやすい鼻からも汗を出します。ところがうさぎの足裏には犬猫のような肉球がなく、鼻も上口唇《じょうこうしん》(17ページ参照)にわずかな汗腺があるだけです。馬や猿はフサフサの毛に覆われた皮膚からも汗をかくことができますが、うさぎの皮膚は汗腺が乏しいため、体には汗をかきません。

このため、体の中でいちばん毛が薄い耳が体の熱を逃がす役割を担っているのです。放熱のために耳が大きく進化したのではないかと唱える説もありますが、耳のヒミツには諸説あり、まだまだ謎の部分も大きいようです。

耳には たくさんの血管がある

大きい動脈が耳の中心に、静脈が耳の縁に流れている。さらにその間には密に血管が張り巡らされている。耳の動脈は大きいので、触って脈拍をはかることも可能。

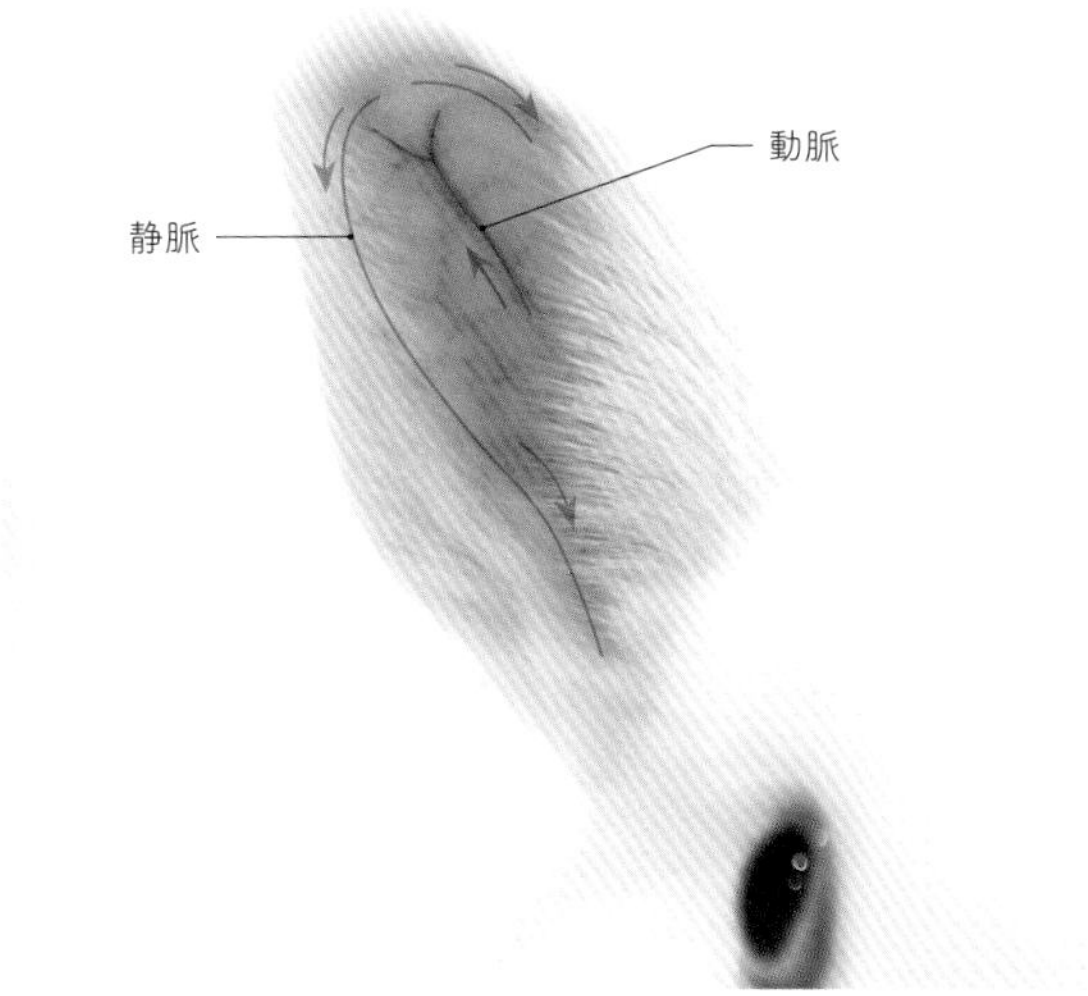

体調不良は耳をチェック！

耳は熱を放出するところ。すなわち、うさぎの体温をすぐに知ることができる場所でもあります。うさぎの体が冷えすぎていないか、熱すぎないかは耳をやさしく触って確認しましょう。

目のヒミツ

丸いぴかぴかの宝物

ガラスでできているような
透き通った、美しい瞳。
その上をやさしく彩る、長いまつげ。
宝石みたいなうさぎの目に
見つめてもらえる時間があることは、
だれにも教えたくない
うさ飼いさんだけの
ひそかな自慢です。

うさぎなりに世界を見ています

つぶらな瞳は直径約1・5〜2㎝。人の目は約2㎝なので、顔の大きさに比べて目が大きいことがわかります。一見黒目がちですが、しっかりと白目があり、特定のものをよく見たいときや興奮しているときにチラリと白目が出ます。

瞳は光に敏感で、人の8倍も高い感度をもちます。野生下では朝方と夕方に活動するため、薄暗いところでも物が見えやすいように発達しているのです。ただし視力はあまりよくなくぼんやりとした視界。全体的に青みがかった世界のようです。発達した嗅覚に頼っているため、目があまりよくないという説が多いうさぎですが、93ページのように工夫が必要なおもちゃを難なくクリアする能力があります。うさぎがどのように世界を見ているかは、うさぎになってみないとわからないのかも!?

うさぎの視界

片目で見える範囲（単眼視）が人よりもかなり広い分、両目で見られる範囲（両眼視）はごくわずか。物を立体的に見るには両目の情報を掛け合わせることが必要なため、うさぎは奥行きや立体感などを見分けるのが苦手なよう。そのため、高さの感覚がわからずに落ちてしまうことも。目が外側についているために目の前に死角ができてしまうので、すぐそばの物に気づかないこともあります。

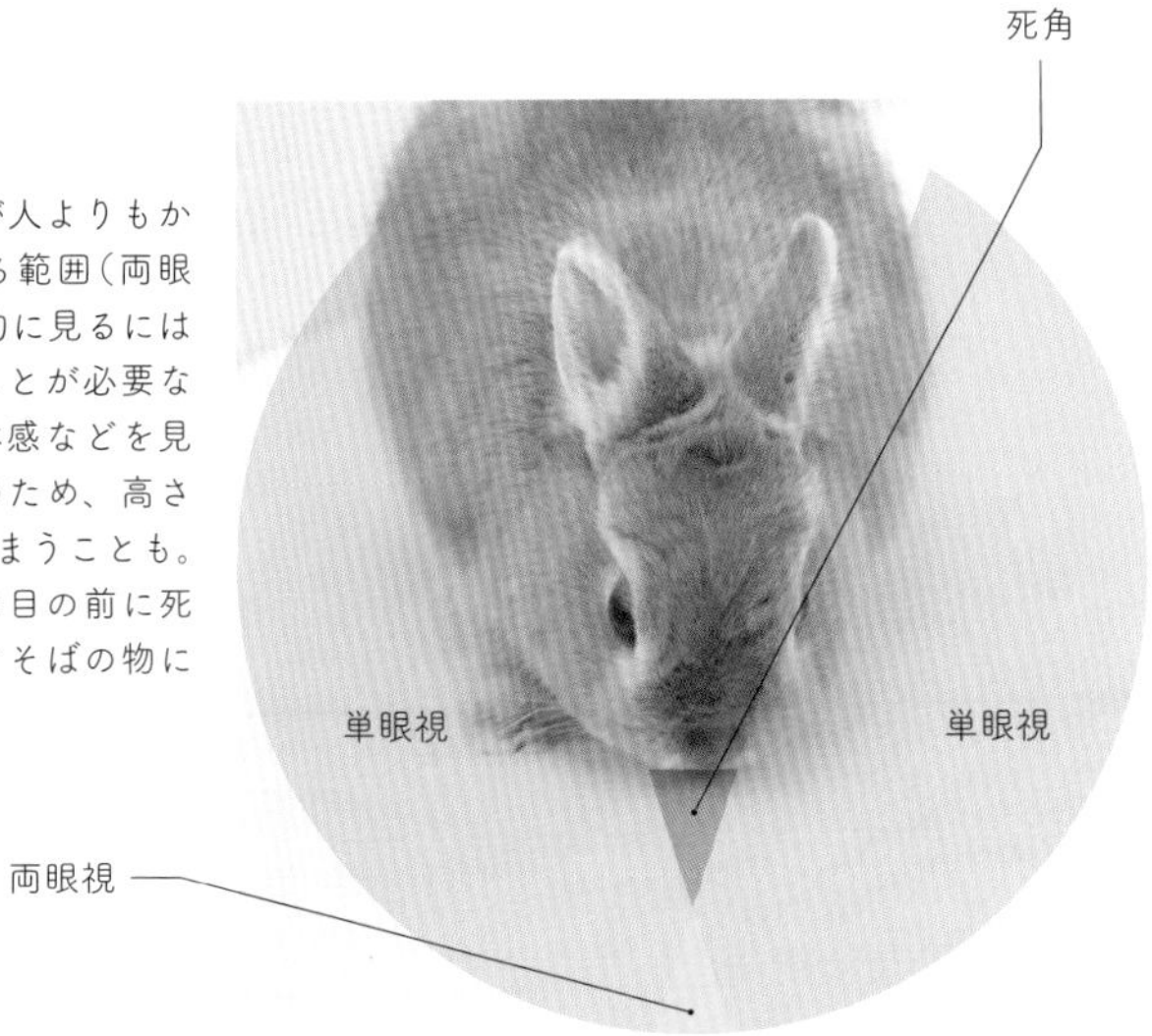

うさぎが見ている世界

人が見ている世界

うさぎが見ている世界？

うさぎが見ている世界は魚眼レンズで見た世界に近いと言われています。色は赤色が見えにくく、左の写真のようなイメージだと考えられています。

うさぎは眠らない!?

野生下で常に狙われているため、うさぎは寝るときも目を開けたままで睡眠がとれるとされています。まばたきも少なく、1時間に約10回ほどでも涙の成分は人よりも脂質が多いので、目が乾かないのです。けれど、飼われているうさぎは安心しきっているのか、飼い主さんの前でだらんと寝る子がとても多いようです。

白目（チロ目）が出るとき

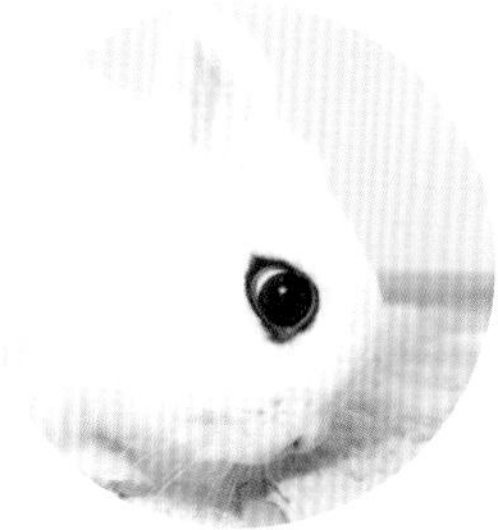

ドワーフホトは わかりやすい

目の周りに黒いアイリングがあるので白目が強調されやすく、しっかりと確認することができます。

しっかり見たいときに出る

眼球を動かして、特定のものをしっかり見ようとするときに、白目が出やすくなります。飼い主さんの間では「チロ目」という言葉でもおなじみですね。

みんなの まつげ写真館

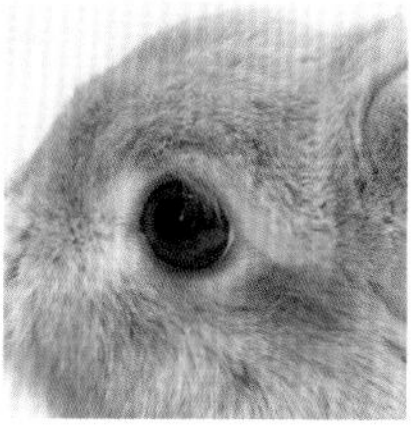

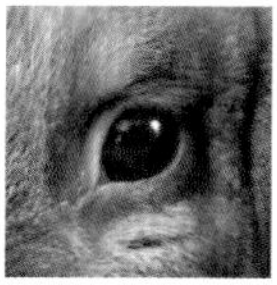

うさぎのまつげは、基本的に体毛と同じ色です。
まつげの色も十兎十色！

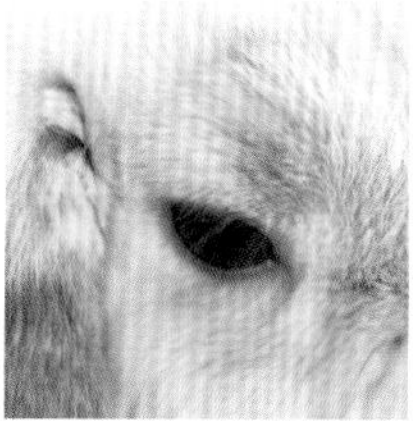

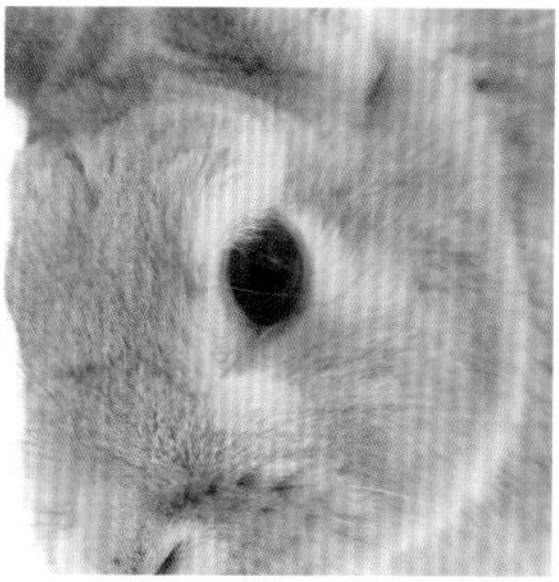

Yの字のヒミツ

鼻と口のかわいい形

よーく見ると、
アルファベットの〝Y〟が顔の真ん中に！
においを嗅ぐときはヒクヒクヒク、
Yの上部が閉じたり開いたり。
神様はなぜうさぎにYを与えたのか？

Y＝鼻＋口

Yの字と呼ばれる部分を2つに分解して見てみましょう。まずはYの上部分。逆三角形のところは鼻で、この2つの線が鼻の穴です。鼻をヒクヒクと頻繁に動かすと鼻の穴も広がって、中のピンク色の粘膜部分が見えます。

そして、鼻の下にあるのは口。まっすぐな棒線は上口唇《じょうこうしん》と呼ばれる唇の割れ目部分です。上口唇は左右に開く仕組みで、開くとおなじみの2本の前歯（切歯）があります。上口唇が前後左右に動く動物は、うさぎだけと言っても過言ではないかもしれません。小さな口で硬いものをたくさん食べるので口を動かしやすいようにこの形になったという説や、意思表示をしたり、頻繁に鼻を動かしやすくしてにおいを嗅ぐために上口唇が割れているという説もあります。視力より嗅覚が優れた動物だからこその、こだわりが詰まったYの字なのです。

あくびをした際などに、上口唇が左右に開いて切歯が見える

《 Yの字のしくみ 》

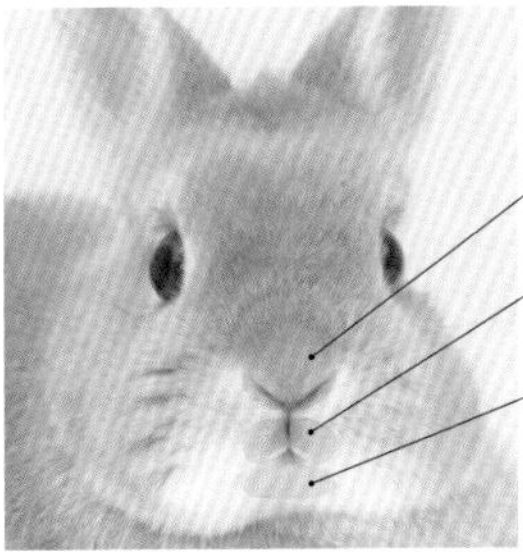

鼻

上口唇《じょうこうしん》

下口唇《かこうしん》

口を閉じているとき

Column

うさぎは味覚がすごい!?

うさぎは人の約1.7倍の味蕾《みらい》（食べ物の味を感じる器官）があると言われています。この数字だけだと人よりもすごそうに見えますが、実は肉食動物は味蕾が少なく、草食動物は味蕾が多い傾向にあるのです。ヤギとうさぎはほぼ同じ数の味蕾。とは言え、うさぎのグルメ度にはもちろん個体差もあります。うちの子のグルメ度は飼い主さんが一番詳しいかも…!?

歯のヒミツ

大きな前歯はチャームポイント

牧草を食べるときに聞こえてくる
小気味いい音は
うさ飼いさんのちょっとした癒し。
ずっと伸び続ける特別な歯だからこそ、
何かをかじりたくてしかたないのかも。
そう思うと、かじり癖のいたずらも、
許せそうな、許せなさそうな。

歯が証明する唯一無二の存在！

　一生伸び続ける歯を持つのは、草食動物の中でもうさぎ目《もく》とねずみなどの齧歯目《げっしもく》が代表的です。象やセイウチの牙（切歯）も見た目は異なりますが、元をたどれば同じく一生伸び続ける「常生歯《じょうせいし》」です。

　うさぎと齧歯目は歯が似ているので、20世紀初頭ぐらいまでは同じ仲間だと思われてきました。しかし研究の結果、うさぎ類だけが上の前歯（切歯）の裏にさらに小さな歯（小切歯）が生えていることがわかり、「重歯目《じゅうしもく》」という独自の種類として分類されるようになりました。現在ではこの名称はほとんど使われず、「うさぎ目」と呼ばれることが一般的です。うさぎ目には当然うさぎしかおらず、生物学的に見てもうさぎは独立した存在なのです。

　うさぎは上下の切歯で牧草のような硬い植物を咬み切り、さらに臼歯を左右にも回転しながら動かすことで繊維質をすりつぶします。日に何度も行われる食事で歯がこすれ合って削れていくことを前提に、歯はずっと伸び続ける仕組みなのです。そのスピードは1年に約10㎝伸びるとも。

　つまり、歯を適切に使わない食事にしてしまうと、歯がどんどん伸び、咬み合わせが悪くなると、不正咬合（１３２ページ参照）になってしまいます。

不正咬合はうさぎの大敵！

　不正咬合は不適切な食事だけでなく遺伝的要因も原因とされていますが、歯が伸びすぎて咬み合わせが異常になった状態を指します。

　伸びすぎた歯では食べることすらままならず、栄養が偏ってしまい、体の不調を引き起こします。咬み合わせが悪いと口の中に傷ができてしまうこともあります。

壁紙

ソファー

かじるのはうさぎの本能！

かじって確かめるのはうさぎの性。小さな体でパワフルにかじります。かじられたくないものはガードするしかありません…。

不正咬合になると歯根が本来伸びる方向と逆に伸びることがあり、そこに運悪く細菌感染を起こしてしまうと歯根膿瘍になることもあります。また、上の臼歯の歯根が伸びると、その上にある鼻涙管《びるいかん》(涙が流れる管)が圧迫されて涙が多くなったり、併発する歯根膿瘍が内部から眼球を圧迫するために眼球突出を引き起こすこともある、怖い病気なのです。

歯と健康を守るために欠かせない牧草食

牧草などの繊維質を食べないと体のバランスは崩れてしまうので、牧草主体の食生活がいかにうさぎの健康に大事かがわかります。ひと昔前まで、ペレットを主流に与えるという飼い方がありました。そこから現在のように牧草をメインに食べ放題にするという飼育方法に変わってから、歯の病気はぐっと減ったと言われています。

うさぎ歯科

うさぎの健康を守る歯と口の仕組みを図解します。

牧草を食べるときの口の中

臼歯を左右に何度も回転しながら動かしてすりつぶす。

ペレットを食べるときの口の中

歯を上下に動かして噛み砕く。

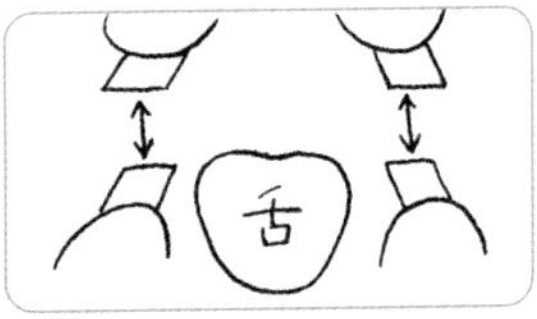

牧草とペレットでは歯の動かし方が異なります。伸び続ける歯を削るためには、牧草をしっかり食べることが必要なのです。

うさぎは切歯と臼歯のみ！

犬歯がないのが特徴です。眼窩（がんか）とは、眼球が入っている骨でできた空間のこと。臼歯のすぐ上に目があることがわかります。

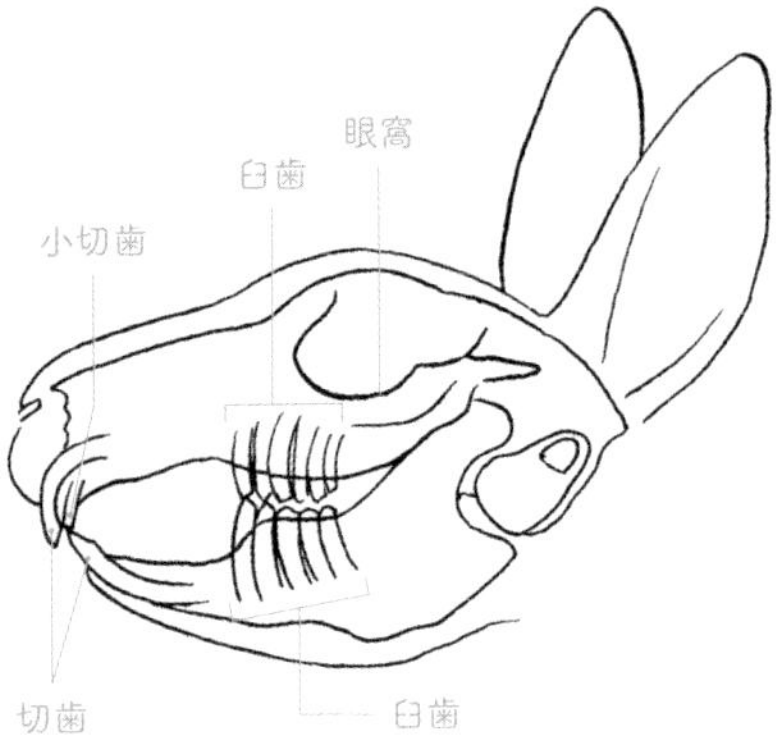

しっぽのヒミツ

かわいい以上の、高機能

ふわふわの体のうしろに
さらなるふわふわが、
ぽつん。
実は見た目以上の
役割があるのです。
ふわふわしっぽのヒミツをどうぞ。

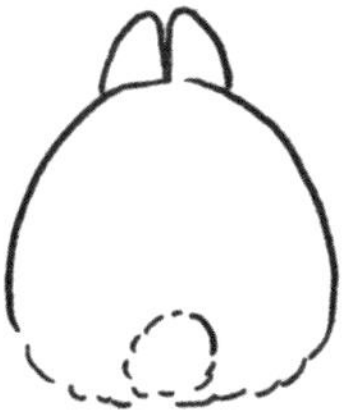

実はおしゃべりなしっぽ

ふわふわの球体のように見えるしっぽですが、これは興奮したり周囲を気にしたり、活発に動いているときの形です。普段は楕円形に近く、リラックスしていると見られます。このように、しっぽはうさぎの感情に合わせて形が変化するのです。しっぽの中には尾椎《びつい》という12〜18個の小さな骨が詰まっています。尾椎は背骨から伸びた骨で神経もきちんと通っているため、感情に合わせて動かすことができるのです。

そして、どんな体色のうさぎでも、しっぽの裏側はほとんどが白。もとは敵が近づくとしっぽをぐんと上げて、仲間に知らせる役割があったと考えられています。しっぽを立たせると裏側の白い面積が目立ち、緑の草原では警戒サインとして役立ちます。飼われているうさぎたちも、怒ったときはしっぽがピンと立っています。こっそり確認してみてください。

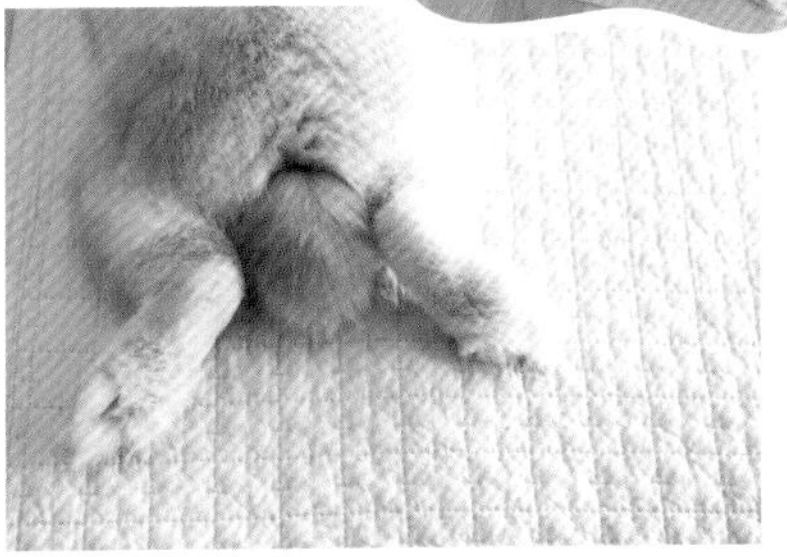

リラックスしているとき

完全にリラックスして寝ているところ。裏側の白は全く見えない。本来のやや細長い楕円形がよくわかる。しっぽの見た目はうさぎの種類にもよるが、約7cmほど。

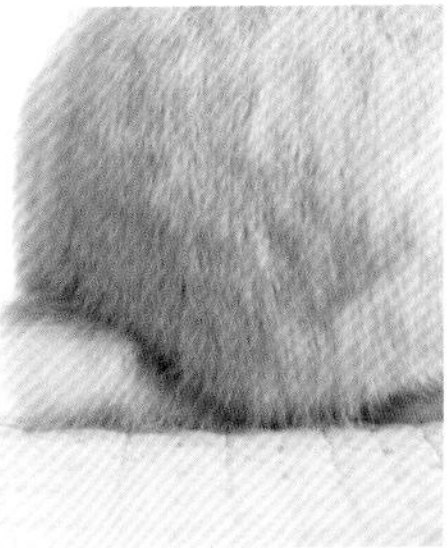

普段のしっぽ

写真は座っているところ。周囲を気にしているときは丸い形で、裏側の白も見える。

みんなのしっぽ写真館

どんなうさぎも
しっぽの裏は白色!?

毛のヒミツ

なめらかで最高の手ざわり

ふさふさなのに、ふわふわ。
もふもふなのに、しっとり。
伝わるのは、あたたかい体温。
叶うことならうさぎにくるまれて、
ずっと過ごしていたい気分。
うさぎたちはどんなお手入れで
ふわふわを保っているのでしょうか。

毛づくろいで
きれいをキープ

うさぎは普通に暮らしていればシャンプーがいらないほど、毛づくろいだけで自分の体をきれいに保つことができます。全身を直接舐めてきれいにし、背中やお尻も器用に首を動かして舐めるので、健康なうさぎのお尻はほとんど汚れません。顔や耳は唾液をつけた前足でこすって汚れを落とします。耳は大事な聴覚と体温調節を担う場所（11ページ参照）なので、念入りに毛づくろいします。そして、仲間どうしの毛づくろいは大事なコミュニケーションです。

頻繁に行う毛づくろいにはストレスや緊張が隠れている場合もあると考えられます。「毛球症」という飲み込んだ毛が胃の中で詰まってしまう病気になることもあります。特に換毛期はブラッシングをして（１０２ページ参照）、お手入れのお手伝いに努めましょう。

みんなの毛づくろい写真館

全身舐めて
きれいにお掃除！

通称「くしくし」

前足で顔を洗うしぐさのこと。ゴシゴシ勢いよく洗う子もいるようです。

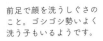

足のヒミツ

体重も健康も支えています

ジャンプ！　うたっち！　キック！
小さい体を乗せて走るのは
細いけれど、たくましい４本の足。
犬や猫とも一味違う、
うさぎならではの足のヒミツを
のぞいてみましょう。

逃げるために進化した足

うさぎは足が速く、すばしっこい動物です。アナウサギは時速40キロほどで走ることができるとも言われています。そんなに足が速い理由は、やはり敵から逃れるため。速いことを例える言葉に「脱兎《だっと》の勢い」があります。逃げる瞬間のうさぎのすごさは言葉になって後世に残り続けるほど、昔から際立っていたのですね。

速く走るために、うさぎの骨は軽量化が進み、体重の8%ほどしかありません。ちなみに猫は13%。また、後ろ足は前足よりも大きく発達しているため、ジャンプやキックが得意なのです。筋肉の中の酸素飽和度も高く、足が速い上にマラソン選手のような持久力も！　ただし、その代償として骨折しやすいのが難点です。高いところから落ちると簡単にケガをしてしまうことがあるので、十分に気をつけましょう。

うさぎのピョンピョン跳び

うさぎが跳ねる様子を「ピョンピョン」という言葉で表します。実際にうさぎは、後ろ足の両足を揃えて跳ぶ「跳躍歩行」がメインです。ほかの動物は、前・後ろ足とも、足を左右に出して進む「交互歩行」が一般的。うさぎも稀に交互歩行すると言われています。ゆっくり移動するときは交互歩行、速く移動したいときは跳躍歩行と使い分けることができます。

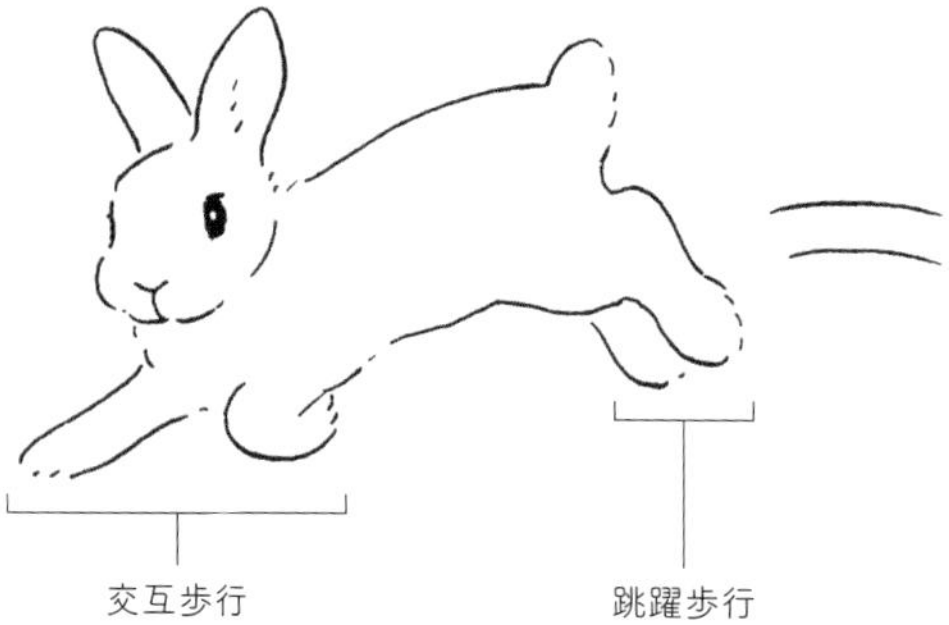

足のヒミツ・番外編

バタン寝のヒミツ

うさぎは足にきちんと関節があるのに、関節を曲げてゆっくり座らずに急に「バタン」と倒れるようにして寝ることがあります。なぜこれをするのかは不明ですが、一部始終を見てみましょう！

普通に歩いているのに…

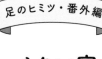

足の裏までモフモフ

ジャンプするときに力強く地面を蹴り上げるたくましい足ですが、その足裏にはふわふわの毛がみっしりと生えています。肉食動物の肉球は地面との摩擦音を減らす役割があり、獲物に気づかれにくくする効果があるとされています。リスやハムスターにも肉球があり、この場合は滑り止め効果や高いところから落ちた場合のクッションの役割があると考えられています。うさぎになぜ、肉食動物のような肉球がないのかははっきりとわかっていません。やわらかい地面の草原に暮らしているから、足ダンするときに大きな音が出ないと困るからなど諸説あります。

　飼われているうさぎが住む、人間の住宅環境は土よりも硬い素材なので、ソアホック（足裏の皮膚炎）に非常になりやすい状態です。普段からフローリングは避け、常にやわらかい素材の上で過ごしましょう。

毛づくろいのときに見える足裏。

急にバタン！

体勢をちょっと整えて…

おやすみなさい…

おなかのヒミツ

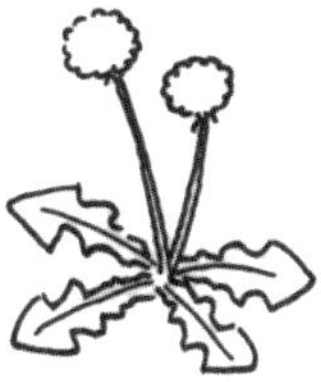

草食動物ならではの消化のヒミツがぎっしり

リラックスしているときしか見られない
モフモフのおなかには、
大事なヒミツがいっぱい。
人よりも長い長い消化管が詰まっています。
いつもあんなに食べている牧草が
どうやって消化されるのか
あらためて紐解いてみましょう。

草食動物は栄養の吸収に時間がかかる

一般的に、草食動物は肉食動物よりも長い消化器を持っています。やわらかで消化しやすい肉に比べて草は繊維質のかたまりです。草食動物の大半が1度の消化では栄養を摂取することができず、食べたものを2回に分けて消化します。そのために長い消化器が必要なのです。うさぎの場合、約6メートルにも及ぶ消化管が小さな体の中にぎっしりと詰まっています。

うさぎだけ!? スペシャルな消化システム

たとえば牛は、4つもある大きな胃の中に食べた草をたっぷりと溜めてゆっくりと発酵させます。それをさらに反芻《はんすう》して消化を行うのは有名ですよね。こうした消化システムは「前胃発酵型」と呼ばれます。一方、うさぎの体は「後（盲）腸発酵型」の消化システムを採用しています。その名の通り、盲腸内で草を発酵させて消化しやすくするもの。このため、うさぎは硬便と盲腸便の2種類の便を出します（38ページ参照）。盲腸内でじっくりと発酵させた栄養のかたまりは盲腸便となり、再度口に入れて、胃で発酵、小腸で消化吸収します。小腸で2回目の消化をすることで、栄養を余すことなく摂取できる仕組みです。

盲腸はうさぎの種類にもよりますが、約30~40㎝。全消化管容積の40~60%を占めます。同じ後腸発酵型にモルモットもいますが、うさぎの方がより栄養価の高い便を生み出せると言われています。ちなみに体の大きな象や馬も後腸発酵型ですが、盲腸ではなく結腸が消化のメイン。なので盲腸便は出しません。うさぎがうっ滞（128ページ参照）などの胃腸の病気にかかりやすいのは、消化がそれだけ大事な役割を担っていることの裏返しかもしれません。

盲腸便が排出されると、すぐに口をつけて摂取します。健康なうさぎの盲腸便はふだんはほとんど目にすることができません。

うさぎ内科

特殊な消化システムの仕組みを知っておくと健康管理に役立ちます。

《 消化のしくみ 》

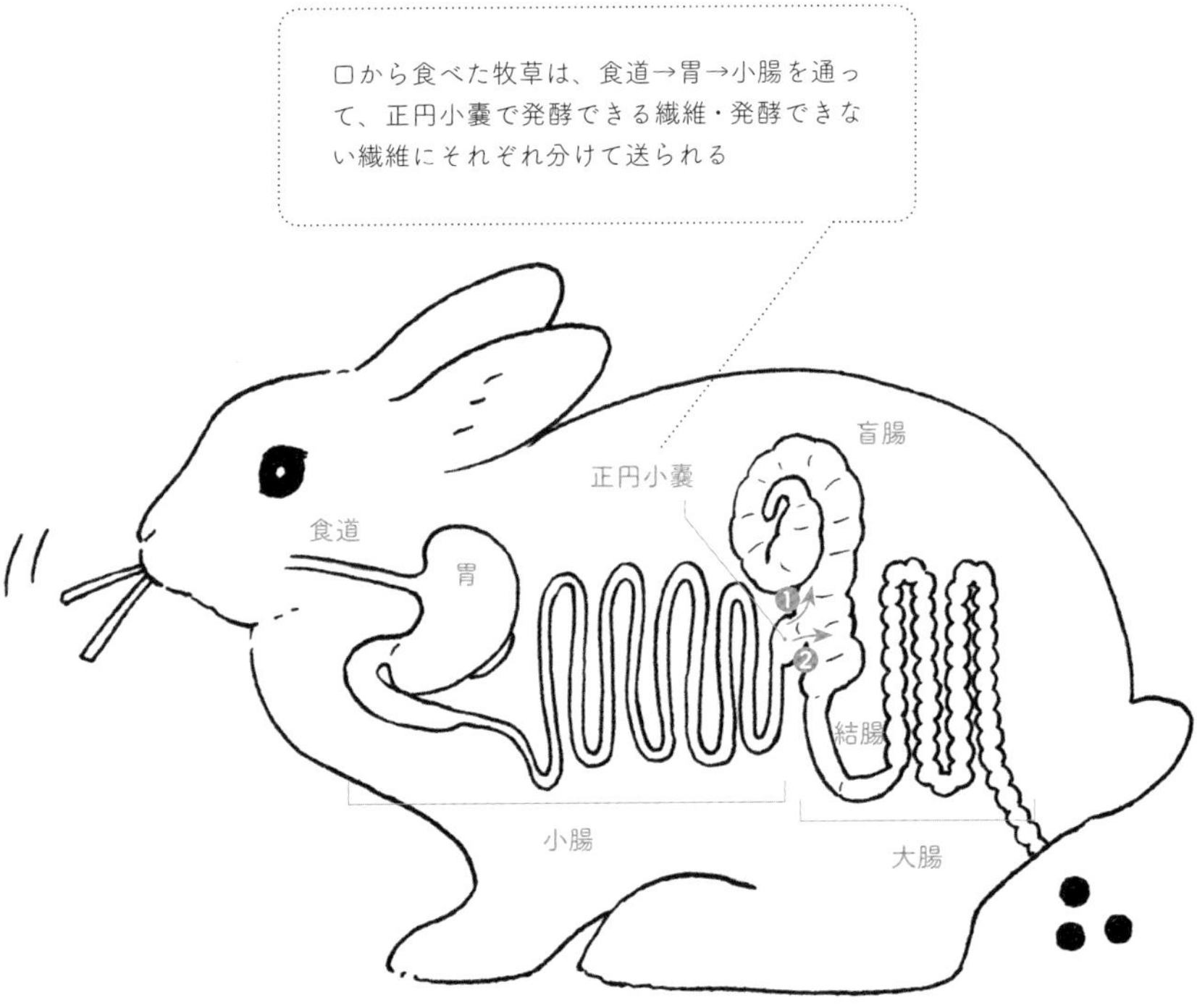

2 発酵できない繊維は結腸へ送られる

→そのまま結腸を通って硬便として排出される。

1 発酵できる繊維は盲腸へ送られる

→盲腸内で微生物によって発酵。
→結腸を通って盲腸便として排出される。
→排出後すぐにうさぎがお尻に口をつけて盲腸便を噛まずに飲み込む。
→ほかの食べ物と混じることなく、胃の一部に蓄積され、さらに発酵。最終的に盲腸便は小腸で栄養として吸収される。

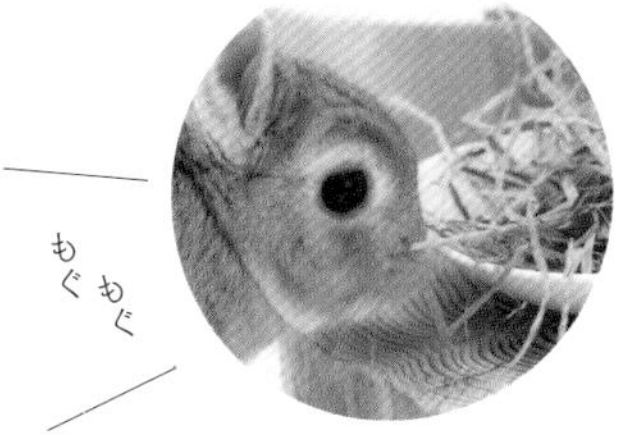

フンのヒミツ

フンすらかわいい うさぎの魅力

健康なフンは、
かたくて丸くてしっかりコロコロ。
フンでさえどこかかわいく見えてしまうのは
愛が深すぎるせい？
でも冷静に考えてみても
ほかの動物よりも（少なくとも人よりは）
うさぎのフンってかわいい気がしませんか。

2種類の大事なフン

うさぎが排泄するのは2種類のフン。丸くてコロコロとした硬便と、栄養たっぷりの盲腸便です。硬便は消化できなかった繊維のかたまりで、いわゆる不要な排泄物。一方の盲腸便は、うさぎの腸内に住む微生物が牧草を時間をかけて発酵させたもの（35ページ参照）。主にアミノ酸と揮発性脂肪酸、ビタミン類で構成され、繊維が少ないのが特徴です。

繊維質が多い草類から栄養をとるには、かなり頻繁に大量の草を食べ続ける必要があります。しかし、常に外敵から身を守るために巣穴で暮らす習性をもつうさぎは、巣の中では新鮮な草を食べることができません。穴の外でたくさん食べた草を自分のおなかで時間をかけて発酵させて盲腸便を生み出し、巣穴に隠れている間にそれを摂取するという、効率的な方法で栄養を摂取しているのです。

健康なフン（硬便）

盲腸便

ブドウの房のような形をしており、粘膜で覆われています。

シニアや病中は栄養摂取のお手伝いを

普段は盲腸便が排出されるとすぐに肛門に口をつけて食べてしまうので、飼い主さんは滅多に見ることができません。しかし、シニアや病中の際は自分で盲腸便が食べられなくなり、そのまま落としてしまうことも。体が衰えると肛門に口が届かなかったり、体調不良の際は自分で肛門から直接盲腸便が食べられないことがあります。新鮮な盲腸便を見つけたら飼い主さんが食べさせて栄養補給のお手伝いをしてあげましょう。

気をつけたい！

フン図鑑

これらのフンが見られたら体調不良のサイン。
すぐに病院に行きましょう。

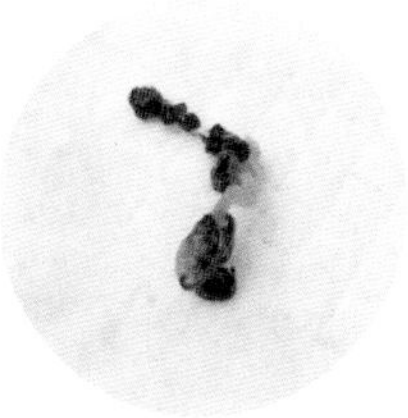

粘液便

結腸で粘液過多になり、ゼラチン状の粘液が出る。

いびつな便

丸ではなく、しずく形でいびつ。

下痢

水様でバシャバシャとしている。

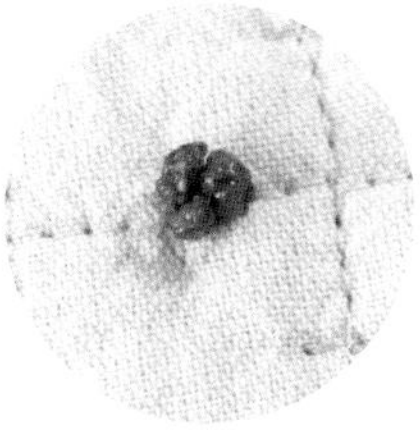

軟便

やわらかい便。下痢の手前。

おなかの虫が出ることも…

実際に見るとびっくりしますが、うさぎとギョウ虫は共存関係にあるので健康に問題はありません。

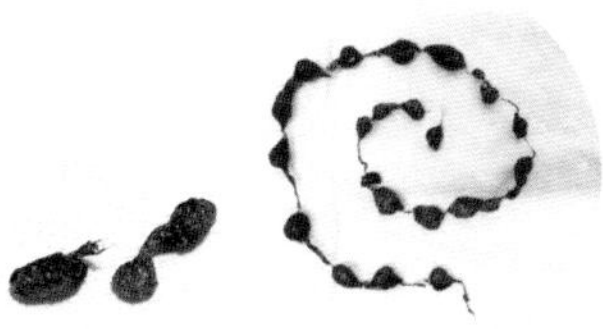

繋がり便

毛を多く飲み込んでいる状態。

子うさぎのヒミツ

かわいいだけじゃない
特別な時期

子うさぎ期はわずか半年。
物怖じせず、いつも元気いっぱいで
やんちゃそのもの。
お母さんやきょうだいと一緒に育つ
しあわせな時間には
りっぱなうさぎになるためのヒミツが
たくさん隠されているのです。

お母さんからもらう大事な栄養と免疫機能

　生まれたての子うさぎはほぼ無毛で、目も耳も開いていません。見た目はうさぎというよりも小さなねずみのような印象です。皮下脂肪も少ないので自分で体温調節ができず、子うさぎどうしが寄り添ってあたため合います。子うさぎは母うさぎの乳首周りから出るフェロモンを手がかりに母親を探し、母乳をごくごくと飲んで成長します。母乳はおなかを満たすだけでなく、丈夫な体をつくるのに必要な免疫機能と栄養を授ける、子うさぎの体づくりに欠かせないものなのです。

　そして、生まれたての子うさぎは、おとなのような草食動物ならではの消化システムを持っていません(34ページ参照)。消化の仕組みは成長とともに育まれます。腸内環境が整うのは生後18日を過ぎたころと言われています。この時期になると野生のアナウサギの母親は、子うさぎのために巣穴に数粒の硬便を落とす行動が見られます。子うさぎは母親の便を食べることで草食動物に必要な腸内環境を引き継ぎ、生きていくのに必要な消化システムを手に入れるのです。

きょうだいと暮らすことで社会性が育つ

　うさぎは多産で、一度に2〜10匹ほどの子うさぎを生みます。同時期に生まれたきょうだいと一緒に過ごすのは、とても大切なこと。母乳を飲むのに奮闘したり、遊んだり、ときには喧嘩をしたり…といった生活のなかで社会のルールを学びます。この時期にうさぎの健康な心が育てられるといっても過言ではありません。

　うさぎを迎えるには生後60日以上が推奨されています。家族と過ごす時間が子うさぎの心身の成長に必要だからなのです。

子うさぎ成長日記

撮影協力：Tiny rabbit

生後5日

目も耳も開いていない。母うさぎから離すと、探して動きまわる。

生後14日

毛が生えはじめ、目と耳も開いてきた。

生後18日

まだまだ手のひらサイズ。

生後30日

顔・体ともうさぎらしくなってきた。

生後6ヶ月

やんちゃな子うさぎ。好奇心旺盛で活発な時期。

心のヒミツ

どんなことを考えているの？

鳴かない動物だから
心を読み解くのはむずかしい。
でも、だからこそ
あらゆる方法で気持ちを伝えてくれています。
人がうさぎを知ろうと
歩み寄り続けていけば、
おたがいのヒミツなんて
いつのまにかなくなってしまうのかもしれません。

うさぎは人とコミュニケーションできる

うさぎは発する声こそ少ないものの、人にも愛情をもって接してくれる動物です。そして、とても感情豊か。もともと野生のアナウサギは家族を中心にした群れをつくり、同じ巣穴で暮らす習性があります。集団で暮らし、家族や仲間とふれあう生活が当たり前。群れは一夫多妻制で、強いオスとそのつがいとなる複数のメス、子どもたちで構成されます。誰かと身を寄せ合い、毛づくろいをしたり、食事をして過ごすのがうさぎにとっての「普通の生活」。そして、群れの仲間と過ごす時間だけでなく、ひとりの時間も大事にする生き物です。飼われているうさぎたちも当然、そんな暮らしを望んでいます。

うさぎの心を幸せにするためには、飼い主さんが群れの一員として意識して過ごすことが大事です。たくさん遊んでコミュニケーションをとり、ときには一緒にごはんを食べて同じものを「おいしい」と感じ、温もりを感じたいときに身を寄せ合う。これがうさぎの心が望む暮らしなのです。

観察して、サインに気づく

うさぎの心にさらに近づくためには、私たち人が歩み寄りましょう。まずは表情やしぐさを、うさぎに負けないぐらい五感をフルに使って観察します。好物を食べているときの興奮した顔、大きな音が聞こえたときの驚いた様子、体をいっぱい動かして遊ぶうれしい顔、ぼーっとしていたり眠そうなとき…。表情やしぐさに気をつけて観察するうちに、自然とうさぎの心が見えてくるのではないでしょうか。これは好き、これは嫌。おなかがすいた、なでてほしいなど。でもこれらはもちろん、人と同じようなサインではなく、うさぎならではの魅力的な表現が私たちに向けられています。

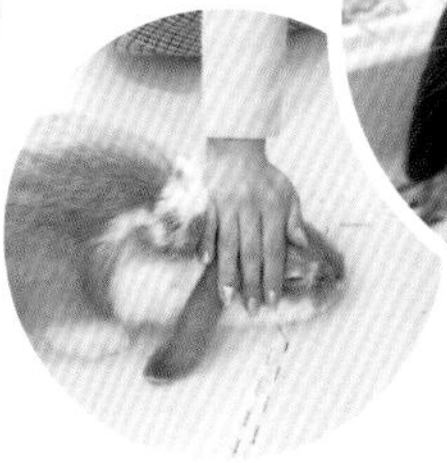

《うさぎの愛情サイン》

・鼻先でツンツンと飼い主さんの体をつつく（通称：鼻ツン）

・座っている飼い主さんのそばにぴったりくっつく

・飼い主さんの手のひらの下に自ら頭を置いて「なでて」のポーズをとる

※このとき、頭を低くして耳をぺたんと寝かせていることが多い

・飼い主さんの脚にスリスリする

・自分に興味がないとわかると怒る

これらの愛情サインが見えたら、思いっきりうさぎとのコミュニケーションに時間を割きましょう。うさぎはどこかマイペースな子が多いもの。なかにはオープンな性格の子もいますが、ほとんどのうさぎが正面からグイグイと迫ってしまうと、「イヤだ！」とサッと逃げてしまいます。特にこれから仲よくなろうとしているうさぎに対しては、人がうさぎに合わせることを心がけて。大事なのは人のタイミングではなく、うさぎのペースに合わせること。飼い主さんへの「好き」は、「いかに合わせてくれるか」で判断されていると言ってもいいかもしれません。

気持ちを察したりうさぎのサインに対応できるようになれば、うさぎからの好感度もぐっとアップ。うさぎがかまわれたくなさそうなときは放っておき、寄ってきたときにはちゃんと応えてあげましょう。

《うさぎに好きを伝える方法》

・たくさん褒めて、いい言葉をかける

人の言葉をどこまで理解できているのかはわかっていません。けれど、多くのうさぎ飼いさんや獣医師の経験に基づくと、うさぎはよい言葉と悪い言葉の違いを聞き分けているようです。「かわいいね」「大好きだよ」「えらいね」といった言葉を飼い主さんが発するときは、愛情が全身で表現されているから、感情も伝わりやすいのかもしれません。

反対に、うさぎのイヤのサインに気づくことも信頼関係の構築には欠かせません。

《段階別・イヤのサイン》

レベル1 **鼻をブッと鳴らす**

レベル2 **足ダン！**

レベル3 **うさパンチ・うさキック！**

レベル4 **咬む**

どの段階で飼い主さんがイヤのサインに気づけるかが重要です。気づかずそのままにしてしまうと、信頼関係が悪化してしまいます。

そして、ときには怒ることも必要です。とはいえ、大声を出して叱ったとしても、うさぎには的確に伝わりません。うさぎに「それはダメだよ」と伝えたいときは、徹底的に無視をすることが有効です。

心は成長とともに変化する

人の心も変化するように、うさぎの心も日々変化します。特に性成熟を迎える時期（オスは生後4ヶ月ごろ、メスは生後3〜4ヶ月ごろ）を過ぎると、これまでとは違った行動が現れることも。性ホルモンの影響でイライラして攻撃的になったり、ナワバリ意識が強まることでケージをかじったり、あちこちでトイレをするなど。

でもそんなときこそ大事にしたいのが、うさぎの気持ちになって考えるということ。起きている問題が成長によるものなのか、別のことが問題なのか、観察をして見極めましょう。これはどんな年齢のうさぎにも言える大事なことです。どんな問題が起きても、うさぎの気持ちやうさぎがどう感じているかを常に考えて取り組んでいけば、きっと解決の糸口が見つかるはずです。解決できないときは獣医さんや専門家に頼るのも手です。

うさぎの心に寄り添い続け、試行錯誤を繰り返していくことが、うさぎの心のヒミツを解く手がかりになることでしょう。

2章

ごはんのヒミツ

適切な食事が健康に欠かせないのは、人もうさぎも同じ。
栄養たっぷりのごはんに
食の楽しみをプラスしてうさぎの健康を支えましょう。

うさぎのごはんを考える

草食動物ということを忘れずに

1章で何度もふれてきましたが、うさぎは草食動物です。その食性や食事に基づく生態こそが私たち人間には一見してわからない、たくさんのヒミツや不思議な魅力につながっていると言ってもいいのかもしれません。

うさぎにとってのよいごはんとは、やはり牧草メインの食事。そして、個体差や健康状態を考慮した、うちの子に適したものであることが大事です。

バランスが一番大事！

健康のためには、主食となる牧草を数種類混ぜて、いつも好きなだけ食べられる状態にしておくことが大事です。

そして栄養補助食品としてのペレット。ぜひペレット図鑑（60ページ参照）を参考にさまざまなフードを試してみてください。

おやつとして与えるのにおすすめなのは、野菜・野草・果物。おやつは栄養補助ではなく、毎日同じものになりがちなうさぎの食生活を彩る大事な役割を持っています。主食の妨げにならない範囲で与えるのがおすすめです。

バランスのとれた食事で身体の健康を、そして食の楽しみをプラスすることで心の健康にもよい食事を目指しましょう。

うさぎの食事バランス

牧草

常に食べ放題の環境を作ることが大事。理想はケージの中に平置きにしておくこと。

現在は入手できる牧草の種類もさまざまなので、好きな牧草をいろいろ見つけておくのもおすすめです。

▶ 詳細は52ページへ

ペレット

栄養補助食品として。ペレットやおやつの食べすぎで牧草の摂食量が減らないように気をつけましょう。

▶ 詳細は58ページへ

おやつ
（野菜・野草・果物）

どれもうさぎに食の楽しみを与えてくれます。季節が感じられるものを飼い主さんと一緒に分け合うのがおすすめ。

▶ 詳細は70ページへ

飲み水

いつもの給水器で飲みにくい様子がないか、おしっこがきちんと出ているか必ずチェックしましょう。

牧草のヒミツ

健康の秘訣は好きな牧草を好きなだけ！

牧草をたくさん食べることは、うさぎにとって良いことづくめ。歯の伸びすぎを防いでくれ、おなかの健康を守ってくれます。牧草は必ずしもチモシーがメインでなければいけない、というわけではありません。イネ科の牧草には、おとなのうさぎに適している手に入りやすいものがたくさんあります。ぜひ53ページからの牧草図鑑を参考に、いろんな種類の牧草にチャレンジしてみましょう。

牧草の種類によって、味はもちろん栄養価も異なります。いろんな種類の牧草を混ぜて与えることは、栄養バランスの面からみても良いことづくめです。

毎月どれくらいの量の牧草を消費しているかを定期的にメモし、我が家の摂食量を把握しておくと健康管理にもつながります。

牧草図鑑

イネ科の牧草

※牧草は商品やロットによって色味が異なります。

チモシー

イネ科の牧草の中でもっとも流通量が多く、手に入りやすいので、うさぎの主食に適しています。一番刈り～三番刈りがあります。

一番刈り	二番刈り	三番刈り
春から初夏、一番に刈り取られたもの。青々とした葉、硬く太い茎が特徴。	夏の終わりから秋にかけて二番目に刈り取られたもの。一番刈りに比べやわらかい。	冬のはじめに刈り取られたもの。細くやわらかい葉がメインで、茶色っぽいものも。

イタリアンライグラス

甘い香りがして嗜好性が高い牧草です。パリッとして青い熱風乾燥、やわらかく黄色い天日干し、生牧草などがあります。

熱風乾燥タイプ

生牧草タイプ

天日干しタイプ

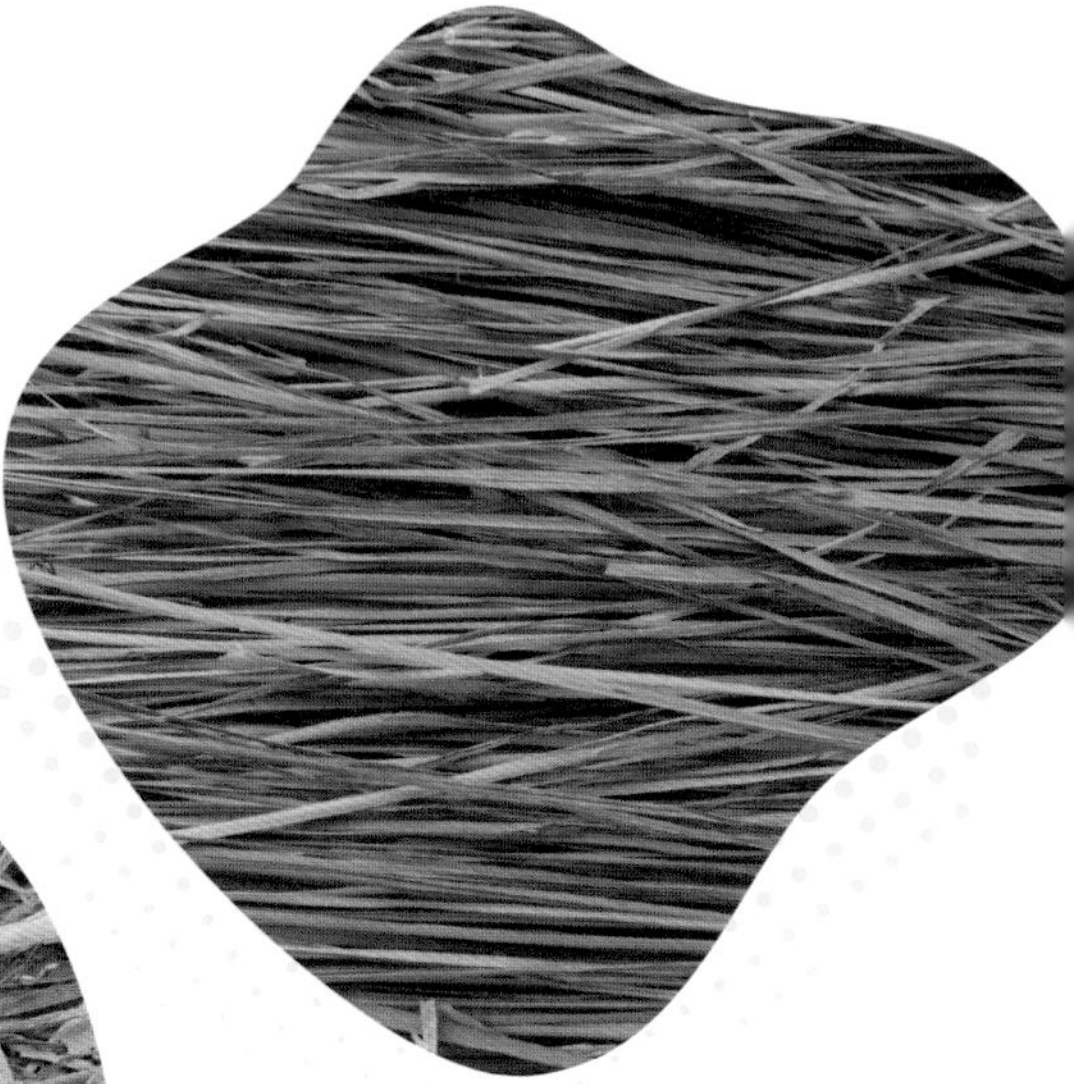

オーチャードグラス

甘い香りがしてやわらかく、嗜好性が高い牧草です。硬い牧草が苦手なうさぎにもおすすめです。

クレイングラス

細くやわらかめの牧草です。チモシーよりも低カロリー、低カルシウムなので、ダイエット食としても。

バミューダグラス

やわらかく細かい牧草です。芝の一種で水はけがよいので、ケージやキャリーの床材として利用しても。

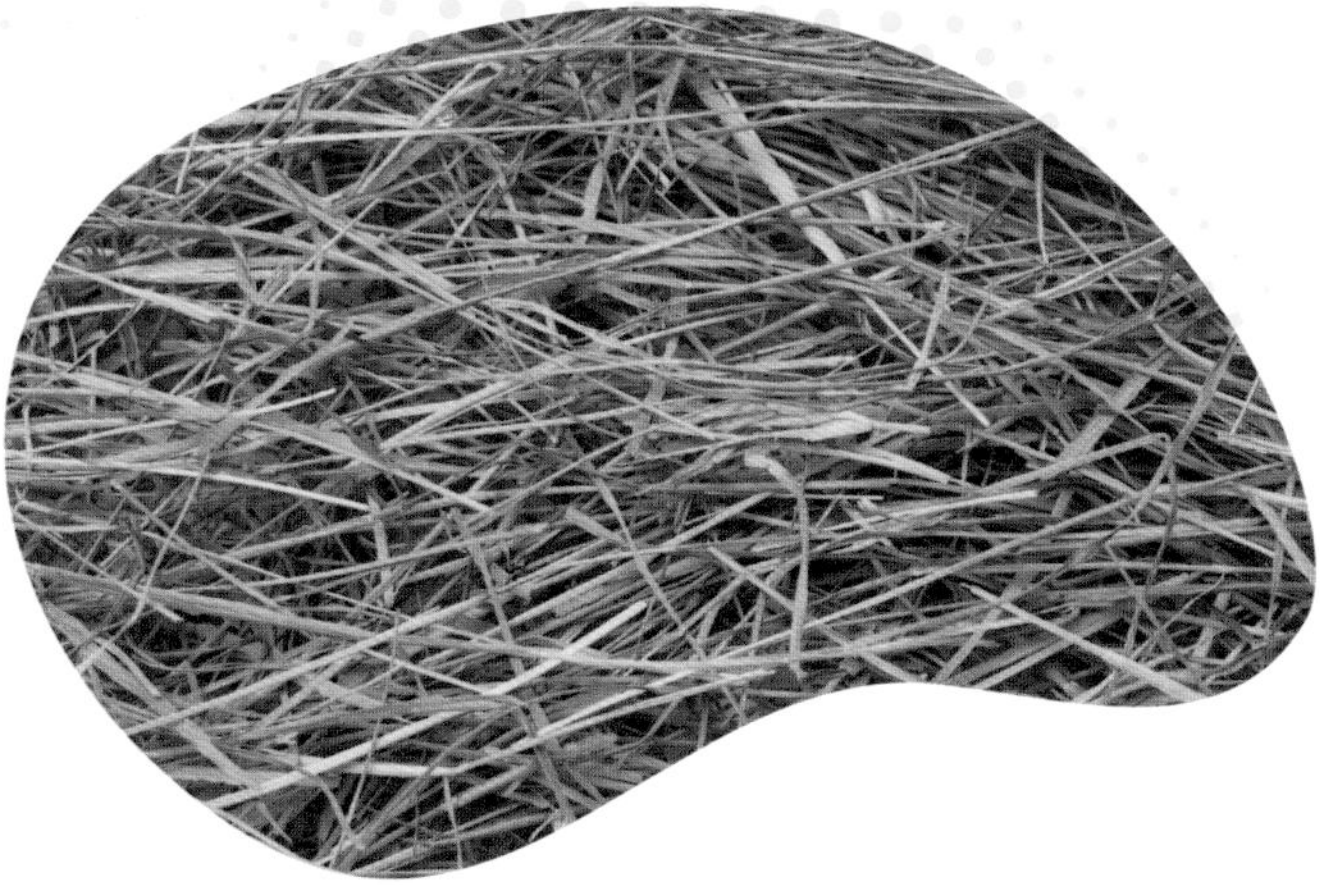

スーダングラス

茎は細めで葉が太く、やわらかい牧草です。硬い牧草が苦手なうさぎにもおすすめです。

オーツヘイ

えん麦を穂が育つ前に刈り取ったもの。甘い香りがして嗜好性が高い牧草です。平べったい茎が多いのが特徴。

熱風乾燥タイプ

熱風乾燥タイプ

ウィートヘイ

小麦を穂が育つ前に刈り取ったもの。甘い香りがして嗜好性が高い牧草です。オーツヘイよりも低カロリー。

牧草図鑑

マメ科の牧草

※牧草は商品やロットによって色味が異なります。

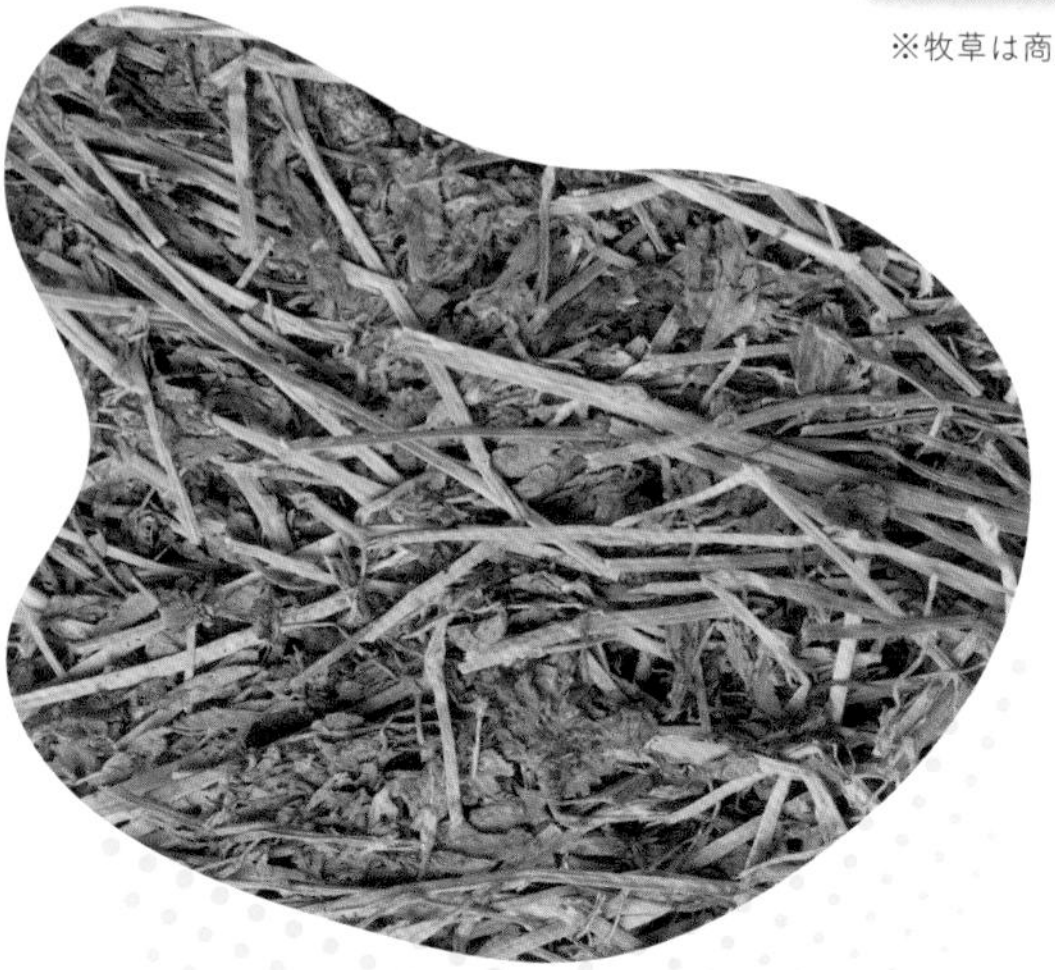

アルファルファ

イネ科の牧草よりも高タンパク。甘い香りがして嗜好性もよく、成長期のうさぎや高齢うさぎの栄養補助におすすめです。

キューブタイプ

アルファルファ牧草を圧縮して、キューブ状に固めたもの。かじるのが好きな子のおやつとしても。

クローバー

マメ科のクローバーは栄養豊富で嗜好性が高く、おやつにおすすめ。

レッドクローバーは、ハーブとして販売されているもの。73ページを参考に与えましょう。食欲増進効果などが期待できます。

レッドクローバー

牧草Q&A

牧草にまつわる質問にお答えします！

Q マメ科の牧草の注意点は？

Answer **高タンパク、高カルシウムに要注意。**

マメ科の牧草はイネ科に比べてタンパク質が高く、嗜好性もよいとされています。成長期やシニアで栄養がたくさん必要な時期に向いていますが、そうでない時期にあげると栄養過多となることも。カルシウムも多く含まれるので尿路結石になるリスクが上がります。

マメ科のなかでもアルファルファは特に傷みやすいので、ケージ内の敷き牧草にはイネ科の方が向いています。

Q 一番刈り牧草でないとダメ？

Answer **特に決まりはありません。**

一番刈りの牧草は繊維質が豊富なので、それのみを与えた方がよいという考えもあります。もちろんそれも理にかなっていますが、うさぎの好みを考えることも大事です。たとえば一番刈りをあまりたくさん食べないうさぎの場合だと、総合的に繊維質が不足してしまいます。二番・三番刈り好きで、一番刈りよりもたくさん量を食べるようならぜひ前者を。何番刈りにこだわらずに、メイン牧草にプラスして1～2種類は牧草を用意できたら理想的。その際に色や香りなど、品質もチェックするようにしましょう。

Q 生牧草はあげてもいい？

Answer **食べるようならぜひ！**

最近では種から育てる生牧草も市販されています。生牧草のメリットは、新鮮なものを与えられるところ。生のものは水分補給にもなるので、おすすめです。

ペレットのヒミツ

ペレットが必要な理由

うさぎは草食動物なのだから牧草だけでよいのでは？　と考える方もいるかもしれません。しかし、野生下のうさぎはさまざまな植物の草、芽、種子、根など(食料が乏しい冬は木の皮、木の葉、枯草なども)を食べて複合的に栄養を補っていると考えられています。牧草だけでは足りないビタミンやミネラル、タンパク質などを補給するためにペレットを与えましょう。

ペレットはラビットフードとも呼ばれます。一般的にペレットとは「総合栄養食」、つまり「これひとつで栄養が整う食事」という意味を持ちます。犬や猫、鳥などのペレットはこれにあたるものです。しかし、うさぎは歯やおなかの健康のために牧草を主食とする必要があるので、総合栄養食という考え方で作られたペレットがまだまだ少ないのが現状です。近年は獣医師監修のものや、年齢や健康状態に合わせた商品もたくさん開発されています。

ペレットは健康のバロメーター

ペレットは基本的には1日2回、決まった量を測って与えましょう。どのくらいの時間をかけて食べきるのか把握しておくと、体調管理に役立ちます。普段よりペレットをあまり食べないな…というときはどこかに体調不良が隠れていることが多いようです。また、多すぎるペレットは肥満や牧草の摂食量にも影響します。主食である牧草が食べられないといったことにならないよう、与えすぎには注意しましょう。

栄養成分が明記されたものを選ぶ

うさぎのフードには残念ながらまだ犬猫で農林水産省が定めたような「ペットフード安全法」のような基準や義務はありません。しかし、各メーカーの自助努力により栄養成分は必ず記載されるようになっています。成分表がないフードは買わないようにしましょう。そして、どんなに栄養価が高いペレットを与えても、うさぎの健康にはたくさんの牧草が必要なことも忘れないでください。

ペレット選びのポイント

成分表を必ず確認！

数あるペレットの中で、何を基準に選べばいいかわからないという方も多いかもしれません。

市販のペレットには必ず成分表が記載されています。その中でも、右の「タンパク質」「粗繊維」「脂質」の３点に注目しましょう。右の数字からかけ離れた成分のものは与えないことをおすすめします。

めやすとなる成分量

タンパク質…16％前後
粗繊維…20％前後
脂質…2～3％前後

適切なペレットの量

今の体重に合った量を

ペレットのパッケージには「体重の○％を目安に与える」と書かれています。しかし、これらは実際よりも多めに書いてあることが多いので(基準となる牧草を、うさぎがどのぐらい食べているかがわからないため)、飼い主さんがうさぎの体重に合わせて量を決めましょう。２kgのうさぎなら、１日に20～30ｇを朝晩に分けて２回をめやすに。比率や量を変えてもOK。２ヶ月に１回は体重を定期的に計って記録をつけ、適切な食事量を見つけましょう。

1日にあげる量のめやす

体重の1～1.5％
（子うさぎは3～5％）

体重測定中…

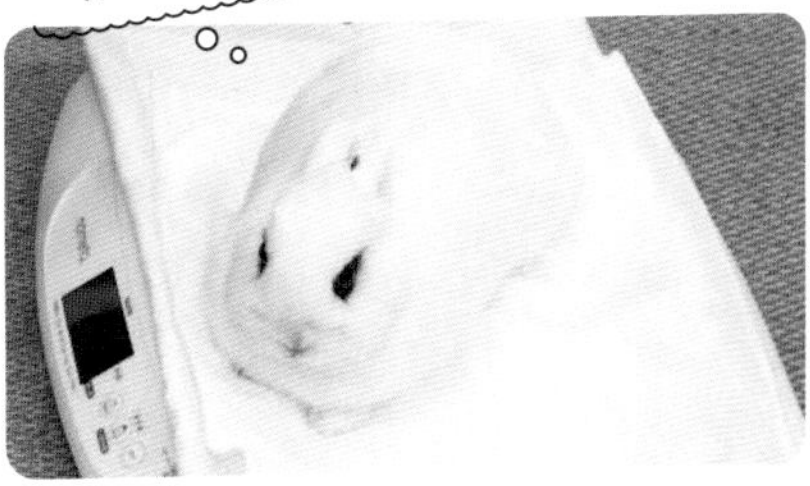

ペレット図鑑

※粒の大きさ（長さ）は編集部調べ。数値はいずれも平均値。

獣医さんおすすめペレット

獣医さんが太鼓判を押すペレットたち。
硬すぎるペレットは歯根に負担がかかって不正咬合の原因にもなります。
栄養・歯への負担・胃腸の健康の
3つの視点から見たおすすめペレットです。

〈粒の大きさ〉
1.5cm

ラビットフード
コンフィデンス

離乳期ごろからの全年齢に与えられる。アルファルファを主原料とし、天然ハチミツ配合で嗜好性が高い。低カロリーかつ低カルシウム設計で、肥満や尿石の形成に配慮されたペレット。

販売元：日本全薬工業

〈粒の大きさ〉
1cm

ラビットフード
コンフィデンスプレミアム
（クランキータイプ）

離乳期ごろからの全年齢に与えられる。歯の負担を軽減する、サクサクとしたクランキータイプ。小粒で食べやすく、ぬるま湯でふやかす流動食としても与えられる。食物繊維を多く含み、乳酸菌配合でおなかの健康に配慮。

販売元：日本全薬工業

〈粒の大きさ〉
2cm

コンプリート1.0

すべての年齢のうさぎに。動物栄養学者、獣医師によって共同開発された完全無添加の総合栄養食。牧草の摂食量に合わせて給餌量を変えることで、必要な栄養価を補えるよう設計されている。チモシー、アルファルファ、オーツヘイが主原料。豊富な繊維質と低いデンプン質（6％以下）で、胃腸うっ滞や不正咬合を予防する設計が特徴。

メーカー：うさぎの環境エンリッチメント協会

Vet's Selectionシリーズ

獣医師と共同開発された、動物病院専用品。うさぎの状態や体質、症状に応じた適切な食事が摂れる。小麦不使用のグルテンフリータイプ。

メーカー：イースター

〈粒の大きさ〉
1cm

健康ケア

毎日の健康・体調・体型を維持したいうさぎに。高繊維、低カロリー、低カルシウム[※2]のチモシーを主原料とし、野草や乳酸菌など胃腸の健康維持に配慮されたペレット。

〈粒の大きさ〉
1cm

体力ケア

高栄養が必要なうさぎ、妊娠・授乳期のうさぎ、病中・病後の体力回復期のうさぎに。高カロリー、高タンパク[※1]なアルファルファを主原料とし、消化吸収を助ける成分を配合。

〈粒の大きさ〉
1cm

エイジングケア

加齢による健康が気になるうさぎ、健康・体調を維持したいうさぎに。チモシーを主原料とし、β-グルカンやコエンザイムQ_{10}、コラーゲンなどが配合されている。

〈粒の大きさ〉
粉末

ライフケア

術後や体力低下したうさぎ向けの強制給餌用粉末フード。β-グルカンと初乳成分であるヌクレオチドを配合し、免疫の維持に配慮。粉末なので水に溶かしやすい。

※1…チモシー牧草との比較　※2…アルファルファ牧草との比較

年齢別

手に入りやすいペレット

59ページで紹介した「ペレットの適正成分」をクリアしている、
ショップなどで購入できるペレットを紹介します。

子うさぎ用

成長期にぴったりの
栄養豊富な
子うさぎ専用ペレット

〈粒の大きさ〉
1cm

バニーセレクションプロ

グロース

7ヶ月までの子うさぎ、妊娠授乳期のうさぎに。アルファルファを主原料とし、各種ビタミン・ミネラル、初乳に含まれる成分ヌクレオチドも配合。小麦不使用のグルテンフリータイプ。

メーカー：イースター

〈粒の大きさ〉
1cm

エッセンシャル

ヤングラビットフード

1歳未満の成長期のうさぎ、運動量の多いうさぎ、妊娠授乳期のうさぎに。アルファルファをベースにした高繊維質なハードタイプペレット。高品質のタンパク質、カルシウム源を含む。

メーカー：OXBOW

〈粒の大きさ〉
1.5cm

ラビット・プラス

ダイエット・グロース

8ヶ月くらいまでの成長期のうさぎ、換毛期のうさぎに。チモシーをベースに、野草やスピルリナも配合。成長期に必要な植物性タンパク・ビタミン・ミネラルが含まれる。

メーカー：三晃商会

成うさぎ用

おとなの体を支える
栄養バランスのいい
ペレットを！

〈粒の大きさ〉
1cm

バニーセレクションプロ

メンテナンス　ミックスヘイ

７ヶ月以上のうさぎに。低カロリーで高繊維質な５種の牧草（チモシー・スーダングラス・クレイングラス・バミューダ・アルファルファ）が主原料。小麦不使用のグルテンフリータイプ。

メーカー：イースター

〈粒の大きさ〉
1cm

バニーセレクションプロ

メンテナンス　チモシーヘイ

７ヶ月以上のうさぎに。チモシーを主原料とした高繊維質[※3]なペレット。腸まで届く乳酸菌を配合し、うさぎのおなかの健康維持に配慮。小麦不使用のグルテンフリータイプ。

メーカー：イースター

〈粒の大きさ〉
1cm

BLOOM LAB

アダルト

２～５歳のうさぎに。骨格の成長が止まり、成長の安定期に入ったうさぎの体を維持するために必要な栄養素を含んだペレット。スタンダード（写真右）と同じ（★）成分配合(66ページ掲載「シニア」「スペシャル」も同様)。

メーカー：ウーリー

〈粒の大きさ〉
1cm

BLOOM LAB

スタンダード

２歳以下のうさぎに。「２歳まで骨格の成長がある」という理念に基づき必要な栄養バランスを補えるよう設計した基本食。うさぎ由来の乳酸菌「LM-WOOLY株」、スーパーフード「スピルリナ」「モリンガ葉」 配合。小麦粉不使用（★）。

メーカー：ウーリー

※３…アルファルファ牧草との比較

全年齢OK

〈粒の大きさ〉
1.5㎝

ラビットプレミアムフード

すべての年齢のうさぎに。乾草を主食としていることを前提に、栄養バランスが最適になるようアメリカNRC基準に基づき成分設計されたペレット。免疫を高めるRNAヌクレオチド配合。

メーカー：ジェックス

〈粒の大きさ〉
1㎝

モンラパン

すべての年齢のうさぎに。腸まで届く生きた乳酸菌と酪酸菌を配合。食物繊維・海藻・パパイヤ抽出物が毛球（ヘアボール）の排出を助ける。

メーカー：ニチドウ

成うさぎ用

〈粒の大きさ〉
1㎝

ラビット・プラス

ダイエット・メンテナンス

6ヶ月以上のうさぎに。チモシーをベースにした、高繊維質で低カロリーなペレット。ポリフェノールや野草も配合。ビタミン・ミネラルも含まれる、健康的な体型維持に役立つフード。

メーカー：三晃商会

〈粒の大きさ〉
1㎝

エッセンシャル

アダルトラビットフード

1歳以上のうさぎに。チモシーを主原料とした高繊維質なハードタイプペレット。ビタミンやミネラル、必要な栄養素を補える。無添加・無着色で保存料フリー。

メーカー：OXBOW

その他

*

ショーフォーミュラ

〈粒の大きさ〉
1.1cm

短毛種のうさぎに。低エネルギー、高繊維質で優れたビタミンバランス。

メーカー：ウーリー

*

ウールフォーミュラ

〈粒の大きさ〉
1.1cm

長毛種のうさぎに。被毛を美しく保つビタミン・ミネラル・タンパク質などの栄養素をバランス良く配合。

メーカー：ウーリー

バニーセレクションプロ

ネザーランドドワーフ専用

〈粒の大きさ〉
0.5cm

ネザーランドドワーフに。繊細さをサポートするハーブや乳酸菌配合。

メーカー：イースター

バニーセレクションプロ

ロップイヤー専用

〈粒の大きさ〉
0.5cm

ロップイヤーに。太りやすい体質向けの高繊維・低タンパク設計。

メーカー：イースター

肥満用

肥満は万病のもと！
ペレットをかえて
健康的なダイエットを。

ラビット・プラス

〈粒の大きさ〉
1.5cm

ダイエット・ライト

６ヶ月以上の肥満傾向のうさぎ、高齢うさぎに。高繊維質なチモシーをベースに、食物繊維(ノンカロリーセルロース)を配合。タンパク質、脂肪分を抑えた低カロリーペレット。

メーカー：三晃商会

〈粒の大きさ〉
1cm

モンラパン ダイエット

太りぎみや去勢・避妊手術後の体重が増えやすい時期のうさぎに。モンラパン(64ページ参照)に比べて脂肪分を約16%カット。

メーカー：ニチドウ

*…「うさぎのしっぽ」オリジナルパッケージ(中身は同じ)。

シニア用

5歳ごろから
栄養の見直しを！

〈粒の大きさ〉
1cm

バニーセレクションプロ

スーパーシニア

7歳以上のうさぎに。チモシーを主原料とした、低カロリー・高繊維質[※4]なペレット。コエンザイムQ_{10}やタンポポ、オオバコなどの野草やコラーゲン、吸収性の高いグルコサミンを配合。

メーカー：イースター

〈粒の大きさ〉
1cm

バニーセレクションプロ

シニア

5歳以上のうさぎに。チモシーを主原料とした、低カロリー・高繊維質[※4]なペレット。β-グルカンや乳酸菌（EC-12株）を配合。

メーカー：イースター

〈粒の大きさ〉
1cm

BLOOM LAB

スペシャル

8歳以上のうさぎに。シニア期への入り口として「植物プラセンタ」「アガロオリゴ糖」に加えて「ハナビラタケ」を配合。味にこだわりが強くなる年齢のため、嗜好性を高めたペレット。

メーカー：ウーリー

〈粒の大きさ〉
1cm

BLOOM LAB

シニア

5～8歳のうさぎに。年齢に合わせた栄養面のケアとして機能食材の「植物プラセンタ」「アガロオリゴ糖」を配合。

メーカー：ウーリー

※4…アルファルファ牧草との比較

〈粒の大きさ〉
1cm

エッセンシャル

シニアラビットフード

５歳以上のうさぎに。高繊維質なチモシーをベースに、筋肉を維持するためのタンパク質と植物性アミノ酸を配合。ハーブなどの抗酸化成分も配合。

メーカー：OXBOW

〈粒の大きさ〉
1cm

ラビット・プラス

シニア・サポート

４歳以上のうさぎに。高繊維質なチモシーをベースに、シニア期の備えとして、関節維持と体づくりに役立つグルコサミン、コンドロイチン、コラーゲンペプチド、乳酸菌を配合。

メーカー：三晃商会

ペレットQ&A

ペレットにまつわる質問にお答えします！

Q　ずっと同じペレットがいい？

Answer
うさぎの状況に合わせていろいろ試すのはよいこと。

メーカーによっては子うさぎからおとな、シニア、そして病中などさまざまなシーンに合わせたペレットが発売されています。同じメーカーのラインナップで揃えるメリットは、おとなからシニアなど、ライフステージに合わせて切りかえる際にハードルが低いという点。うさぎによってはペレットの味だけでなく、歯ごたえや粒の大きさが変わるのを嫌がることがあります。子うさぎのときに覚えた味を生涯ずっと食べていたいというケースもあるでしょう。

うさぎが食べられるようであれば、いろいろなメーカーのものにトライしてみて。特定の商品が手に入りづらくなった際の代わりになる、「第二のペレット」を確保しておくと安心です。

掲載ペレット成分一覧表

獣医さんおすすめペレット ▶詳細はP60-61へ

メーカー（販売元）	商品名	タンパク質	粗繊維	脂質	カルシウム
日本全薬工業	ラビットフード コンフィデンス プレミアム(クランキータイプ)	12.0-15.5%	18.0-22.0%	2.0-4.0%	0.6-0.8%
日本全薬工業	ラビットフード コンフィデンス	14.0-17.5%	16.0-19.0%	2.0-5.0%	0.6-0.8%
うさぎの環境エンリッチメント協会	コンプリート1.0	14%以上	20%以上	4%以下	1%以下
イースター	Vet's Selection 体力ケア	18.0%以上	16.0-20.0%（平均18.0%）	2.5%以上	0.8-1.2%（平均1.0%）
イースター	Vet's Selection 健康ケア	12.0%以上	19.0-25.0%（平均22.0%）	2.0%以上	0.5-0.8%（平均0.6%）
イースター	Vet's Selection ライフケア	14.5%以上	16.0-22.0%（平均19.0%）	2.5%以上	0.5-0.8%（平均0.6%）
イースター	Vet's Selection エイジングケア	15.0%以上	20.0-26.0%（平均23.0%）	2.5%以上	0.6-0.9%（平均0.7%）

年齢別・手に入りやすいペレット

子うさぎ用 ▶詳細はP62へ

メーカー（販売元）	商品名	タンパク質	粗繊維	脂質	カルシウム
イースター	バニーセレクションプロ グロース	18.0%以上	18.0%以下	2.5%以上	0.7%以上
三晃商会	ラビット・プラス ダイエット・グロース	18.0%以上	18.0%以下	2.5%以上	0.8%以上
OXBOW	エッセンシャル ヤングラビットフード	15.0%以上	22.0-25.0%	2.5%以上	0.6-1.1%

成うさぎ用 ▶詳細はP62へ

メーカー（販売元）	商品名	タンパク質	粗繊維	脂質	カルシウム
イースター	バニーセレクションプロ メンテナンス チモシーヘイ	12.0%以上	22.0%以下	2.0%以上	0.6%以上
イースター	バニーセレクションプロ メンテナンス ミックスヘイ	12.0%以上	22.0%以下	2.0%以上	0.45%以上
ウーリー	BLOOM LAB スタンダード	13.0%以上	21.0%以下	3.0%以上	0.4%以上
ウーリー	BLOOM LAB アダルト	12.5%以上	21.0%以下	2.5%以上	0.4%以上
三晃商会	ラビット・プラス ダイエット・メンテナンス	13.0%以上	22.0%以下	2.5%以上	0.6%以上
OXBOW	エッセンシャル アダルトラビットフード	14.0%以上	25.0-29.0%	2.0%以上	0.35-0.75%
ジェックス	ラビットプレミアムフード	14.0%以上	18.5%以下	2.5%以上	0.7%以上
ニチドウ	モンラパン	14.0%以上	20.0%以下	3.0%以上	0.7%以上

肥満用

詳細はP65へ

メーカー（販売元）	商品名	タンパク質	粗繊維	脂質	カルシウム
三晃商会	ラビット・プラス ダイエット・ライト	12.0%以上	27.0%以下	2.0% 以上	0.5%以上
ニチドウ	モンラパン ダイエット	11.0%以上	20.0%以下	2.5% 以上	0.6%以上

その他

詳細はP65へ

メーカー（販売元）	商品名	タンパク質	粗繊維	脂質	カルシウム
ウーリー	ショーフォーミュラ	15.0%以上	20.0-25.0%	3.0% 以上	0.8-1.1%
ウーリー	ウールフォーミュラ	17.0%以上	20.0-25.0%	3.0% 以上	0.8-1.0%
イースター	バニーセレクションプロ ネザーランドドワーフ専用	13.0%以上	22.0%以下	2.0% 以上	0.5%以上
イースター	バニーセレクションプロ ロップイヤー専用	12.0%以上	24.0%以下	2.5% 以上	0.5%以上

シニア

詳細はP66-67へ

メーカー（販売元）	商品名	タンパク質	粗繊維	脂質	カルシウム
イースター	バニーセレクションプロ シニア	13.0%以上	22.0%以下	2.0% 以上	0.6%以上
イースター	バニーセレクションプロ スーパーシニア	15.0%以上	22.0%以下	2.5% 以上	0.65%以上
ウーリー	BLOOM LAB シニア	12.5%以上	21.0%以下	2.5% 以上	0.4%以上
ウーリー	BLOOM LAB スペシャル	13.0%以上	21.0%以下	3.0% 以上	0.4%以上
三晃商会	ラビット・プラス シニア・サポート	15.0%以上	23.0%以下	2.5% 以上	0.7%以上
OXBOW	エッセンシャル シニアラビットフード	15.0%以上	23.0-28.0%	2.5% 以上	0.35- 0.75%

※数値はメーカー表記によるものです。
※本表に掲載している「タンパク質」「粗繊維」「脂質」「カルシウム」は、メーカーによって「粗タンパク質」「粗脂肪」「カルシウムの有無」など表記が異なる場合があります。あらかじめご了承ください。
※2023年2月時点の情報です。編集部調べ。

野菜のヒミツ

食の楽しみをプラス

うさぎの主食は牧草、ペレットは栄養補助のためのものです。これらだけでなく、うさぎに食事を楽しんでもらうという目的で与えたいのが、おやつ（副食）の野菜・野草・果物です。ただし、あくまで「おやつ」ということを忘れずに。おやつを食べすぎて肝心の牧草を食べる量が減ってしまわないように気をつけましょう。

野菜のメリット

新鮮で安全なものを与えられるのが野菜のよいところ。水分補給も兼ねられるうえ、味や香り、歯ごたえなどもうさぎにとっての喜びにつながります。好きな野菜を見つけておけば①食欲が落ちているときも与えられる、②投薬にも利用できるという利点があります。健康なときから好みの野菜を探しておくと病中や老後も安心です。

生野菜が苦手なうさぎもいますが、これは子うさぎのときにどのような環境で育ったかで決まると言われています。生後３ヶ月ごろからさまざまなものを与えられていたうさぎは、生も乾燥したものも好き嫌いなく食べるようになるのです。

そして、１種類の野菜だけ大量に与えるのはミネラルが偏るのでやめましょう。数種類混ぜながら与えるのがおすすめです。

野菜（果物）１００％のジュースも与えることもできます。必ず成分表を確認し、タマネギが含まれているものは中毒を起こす可能性があるので絶対にＮＧです。

野菜Q&A

野菜にまつわる質問にお答えします！

Q どのぐらいの量が理想的？

Answer

1日2回、それぞれ野菜2種類以上！

たとえば朝の食事にサラダ菜1枚とチンゲン菜1枚を。夜は種類を少し変えて。日々変化をつけてさまざまな種類を与えるのが理想的。

Q どんな野菜を選べばいい？

Answer ❶ そのときの旬のものを！

旬の野菜は香り高く、栄養価も豊富。新鮮で安価なものが手に入りやすいのも飼い主さんにはうれしい点です。うさぎに季節の変化を野菜で感じてもらいましょう。

Answer ❷ うさぎファーストな献立を！

72ページで紹介する野菜の種類をもとに、今日はどんな野菜がいいかをうさぎファーストで決めましょう。昨日はキャベツをあげたから、今日は小松菜、旬のラディッシュもいいな…と、毎日の買い物の際にうさぎに何を食べてもらうかで献立を決めるのもおすすめです。うさぎも人も健康な食生活に！

Q スプラウトは何の種類でもOK？

Answer

ブロッコリー、レッドキャベツはOK。

アルファルファはうさぎの状態に合わせて。マスタードやクレソンは刺激があるので避けたほうが◯。

Q ベビーリーフは問題ない？

Answer

内容が確認できるならOK。

からし菜が入っているものは避けて。

五十音順で引きやすい!

うさぎに与えてよい 野菜リスト

	野菜	科	
ア	明日葉	セリ科	
オ	大葉	シソ科	Ca
カ	カブ（根）	アブラナ科	
	カブ（葉）	アブラナ科	Ca
	カボチャ	ウリ科	
キ	キャベツ	アブラナ科	
	キュウリ	ウリ科	
ケ	ケール	アブラナ科	Ca
コ	小松菜	アブラナ科	Ca
サ	サニーレタス	キク科	
	サラダ菜	キク科	
シ	春菊	キク科	Ca
セ	セリ	セリ科	
	セロリ	セリ科	
タ	大根（根）	アブラナ科	
	大根（葉）	アブラナ科	Ca
チ	チンゲン菜	アブラナ科	Ca
ト	トマト（完熟した実） ※ヘタは必ずとって与える	ナス科	
ニ	ニンジン（根） ※糖分が多いので薄くカットして与える	セリ科	
	ニンジン（葉）	セリ科	Ca
ハ	白菜	アブラナ科	
	パセリ	セリ科	Ca
フ	ブロッコリー	アブラナ科	
ミ	水菜	アブラナ科	Ca
	三つ葉	セリ科	
ラ	ラディッシュ（ハツカダイコンの根）	アブラナ科	
レ	レタス	キク科	

※ Ca …カルシウムが多い野菜。これらは尿路結石になりやすいため、毎日たくさん与え続けるのは避けましょう。本表ではカルシウム含有量が100mg/100g以上のものに印をつけています（日本食品標準成分表2020年版〈八訂〉に基づく）。※ニンジン（葉）のみ92mg。

野草・ハーブのヒミツ

野生のうさぎは、春は野草や樹木の葉、冬になって食料が乏しくなると木の皮を食べます。飼われているうさぎも本来はそのような食生活をしていたので、野草やハーブならではの強い香りを好む傾向にあるようです。現在では生や乾燥にかかわらず、インターネットなどで手軽に購入することもできます。

ただし、野草は野生のうさぎが食べていたという事実がわかっているのみで、どのような栄養成分が体によいのか、うさぎの体にどんな影響を与えるのかなどは残念ながら未だ科学的には解明されていません。与える際は飼い主さんの自己責任が伴うことを忘れないでください。

\ うさぎに与えてよい /
樹木の葉

生・ドライともにネットなどで
購入することもできます。
うさぎの好みに合わせて与えましょう。

クワの葉　クワ科

落葉性の小高木で、実も与えられる。ハート型の葉っぱが特徴的。「クワ」は総称で、ヤマグワなどさまざまな種類がある。

クズの葉　マメ科

つる性の多年草。葉の裏面には白い細かな毛が生えている。

ビワの葉　バラ科

常緑性の小高木。細長い形の葉は、比較的肉厚。ビワの熟した実は中毒を起こすので決して与えないように。

ササの葉　イネ科

常緑または半落葉性の多年草。与える際は枯れていない緑色のものを。

カキの葉　カキノキ科

落葉性の小高木。葉の表面がツヤツヤとしているのが特徴。柿は実も与えられる（76ページ参照）。

野草・ハーブの注意点

〈自生しているものを採取する場合〉
- 必ず土地の管理者の許可を得ましょう。
- この種類だと飼い主さんが責任をもって判断、同定できるもののみ与えましょう。

〈採取を控えた方がよい場所〉
- 幹線道路のそば…排気ガスをたくさん吸い込んでいる可能性が高い。
- 犬などの動物の散歩ルート…ほかの動物の糞尿がついている可能性が高い。

〈与える際の注意〉
- 採取したものを与える際は、よくきれいに洗ってから与えましょう。
- 与える際は一度に大量は控えましょう。
- 毎日与えるのは避けましょう。
- 妊娠中のうさぎに与える際は、必ず獣医師に確認してから与えるようにしてください。

五十音順で引きやすい！

うさぎに与えてよい野草・ハーブリスト

ア
アザミ……キク科

イ
イタリアンパセリ……セリ科

エ
エキナセア……キク科
エノコログサ……イネ科

オ
オオバコ……オオバコ科
オレガノ……シソ科

カ
カモミール……キク科
カラスノエンドウ……マメ科

ク
クレソン……アブラナ科
クマザサ……イネ科

シ
シロツメクサ……マメ科

セ
セージ……シソ科

タ
タイム……シソ科
タンポポ……キク科

ナ
ナズナ……アブラナ科
ナバナ（菜の花）……アブラナ科

ノ
ノゲシ……キク科

ハ
パクチー……セリ科
ハコベ……ナデシコ科
バジル……シソ科

ヒ
ヒメジョオン……キク科

フ
フェンネル……セリ科

マ
マリーゴールド……キク科

ミ
ミント……シソ科
※アップルミント、ペパーミント、スペアミントはOK。

ヨ
ヨモギ……キク科

ル
ルッコラ……アブラナ科

レ
レモングラス……イネ科
レモンバーム……シソ科
レンゲソウ……マメ科

ロ
ローズマリー……シソ科

好きな香りを探してね！

※野草・ハーブ類は大量にあげるのはNGです。
※ハーブ類の効能は人に対してのみ言われており、うさぎに対して同様の効果が期待できるわけではありません。

果物のヒミツ

できれば生のものを

甘いものが大好きな子にとって、果物は特別なおやつになります。うさぎ用の市販品はドライフルーツが多いですが、糖度が高いので、できるだけ生のものを与えましょう。もともと生が苦手な子は、生の果物から生牧草・生野菜へと移行できるようにチャレンジのきっかけとして与えるのもよいでしょう。

少量を飼い主さんと一緒に楽しむ

旬の果物を飼い主さんといっしょに食べることは、おたがいの幸せタイムにもなります。毎日あげる場合は1〜2㎜にスライスしたものを1、2枚程度で十分です。

うさぎに与えてよい果物

- イチゴ
- イチジク※
- キウイ
- クランベリー
- スイカ
- ナシ
- ナツメ※
- パイナップル※
- バナナ
- パパイヤ
- ブルーベリー
- マンゴー
- ミカン
- メロン
- 桃
- リンゴ
- 柿

※印がついたものは、皮や芯などを丸ごとドライにした硬いものは避けましょう。

あげるときの注意点

硬いドライフルーツは要注意！

- パイナップルを芯ごとスライスして乾燥させたものはNG。芯は硬くて消化しきれず、小腸を詰まらせてしまい、開腹手術にまで至ることもあります。
- イチジクやナツメの皮をドライにしたものも消化できずにおなかを詰まらせてしまうことがあります。

ドライは手でちぎれる硬さのものを

うさぎは歯が丈夫なので、何でも食べることができてしまいます。しかし、歯で噛みちぎったり飲み込めたとしても、肝心の消化ができないことも。ドライは必ず「手でちぎれる硬さ」を目安にしましょう。

NG 与えてはいけない食べ物

ここまでに紹介した野菜、野草・ハーブ、果物は、本に掲載してあるものならば大量に与えすぎなければOK。反対に、ここに掲載している以外のものは、基本的に与えないようにしましょう。人にとって馴染み深い果物や野菜類でも、うさぎにとっては中毒を引き起こす原因になるものが多くあります。家族の一員であるうさぎですが、私たち人とは体のしくみが異なるということを常に忘れないようにしましょう。

また、うさぎが欲しがるからといって人の食べ物を与えるのも絶対にやってはいけません。肥満につながるだけではなく、体に合わない食事が命を脅かします。飼い主さんの理解だけでなくほかの家族にもきちんと説明をしましょう。

人の食べ物

人の食事はうさぎにとって基本は塩分・糖分・油分・脂質過多。与えるとうさぎの体を蝕み、健康を害するもの。決して与えないように。

ネギ類（長ネギ、タマネギ）

ネギ科の有機チオ硫酸化合物が中毒となり、赤血球が破壊される。

ジャガイモの芽

人にも中毒を起こすことがあるソラニンやチャコニンという物質が下痢や神経症状を引き起こす。

アボカド

ペルシンという物質が中毒を引き起こし、最悪の場合は窒息死を招くことも。

生のマメ

マメ科の牧草はOKですが、生のマメにはレクチンというタンパク質が含まれており、これが中毒・消化不良の原因に。

サクランボ、ビワ、モモ、アンズ、ウメの熟していない実・種

バラ科サクラ属の果実は食べると中毒を引き起こすシアン化合物が含まれているためNG。

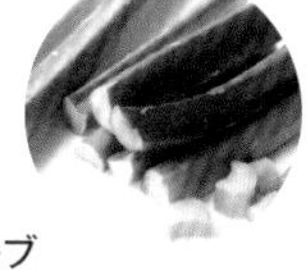

ルバーブ

セロリに似ているが、ルバーブはタデ科の植物。中毒を起こす可能性がある。

獣医さんおすすめ！

不調時のお助けフード・サプリ

ちょっとした体調不良をカバーしてくれるお助けアイテムをご紹介。
もちろん、症状が悪化したらすぐに動物病院へ。

Supplement

消化のお助けに

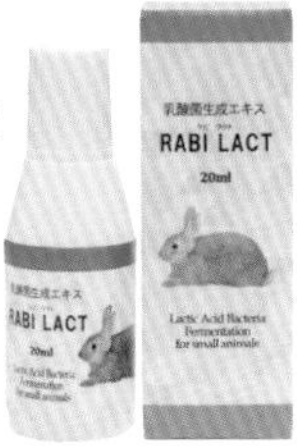

ラビラクト

メーカー：エクセル

液体タイプで食事や飲み水に混ぜて与えられる大豆由来の乳酸菌生成サプリ。腸内環境を整える効果が期待できます。

Food

うっ滞を繰り返す、繋がり便が多い子に

バニーセレクションプロ ヘアボールコントロール

メーカー：イースター

飲み込んだ毛の排出を促す効果のあるペレット。牧草のチモシーがメインで、乳酸菌も配合されている。症状があらわれやすい季節に普段のペレットの一部をこれに置き換えると◎。
（タンパク質12.0％以上、粗繊維21.0％以下、脂質7.0％以上）

Supplement

植物の力でおしっこサポート

ナチュラル サイエンス泌尿器

メーカー：OXBOW

クランベリー、タンポポの葉など天然成分100％。泌尿器の健康維持に。硬すぎる場合は水に浸して与えてもOK。

Supplement

おしっこの不調に

ウロアクトシロップ

メーカー：日本全薬工業

嗜好性を追求した甘い味で、嫌がられることなく投与可能。ウラジロガシエキスなどの主成分の働きで、膀胱や排尿のサポート効果が期待できます。

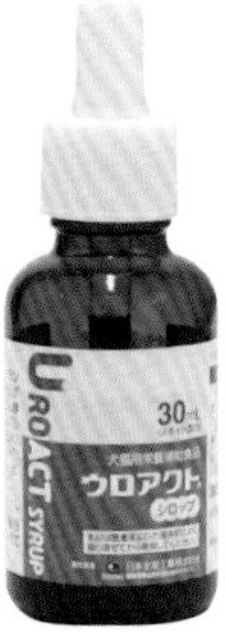

Food

牧草が苦手・食べられないときに

ペレット牧草

メーカー：ウーリー

高品質牧草を食べやすくしたもの。不正咬合などで牧草が食べづらいうさぎの繊維質補給にぴったり。

3章

お世話のヒミツ

まずは心地よい環境を整えてから、
遊びや体のケアもマスターを。
楽しく快適に過ごしてもらいましょう。

うさぎと暮らすということ

うさぎに目を配って サインを読み取ろう

うさぎは鳴かない、お散歩がいらないということばかりが注目されるせいか、「簡単に飼える」と思ってしまう方もまだ多いようです。けれど実際は、お世話が大変な動物。うさぎのサインは読み取るのが難しく、また、お世話や体のケア、看護や介護が想像よりも大変という声も多いのです。

サインに気づかないまま過ごすうちに病気の発見が遅れ、気づいたときには進行してしまっていたというケースも。早期に体調の変化に気づくためには、飼い主さんが日ごろからうさぎによく目を配ることが大切です。

そして、十分な飼育スペースを確保できる環境、もしものときは医療費をかけられる経済的な準備はもちろんのこと、うさぎと暮らすには、ある程度の心や時間の余裕が必要といえるでしょう。忙しくて時間が取れないという人は、うさぎとの暮らしは残念ながらあまり向いていません。引っ越しや出産など、今後自分自身の環境が変わっても最期まで責任をもってお世話できるかどうかも重要なポイントです。

うさぎ目線で考えて もっと楽しい暮らしに

うさぎから発信されるサインは普通に過ごしているとわかりづらいものもありますが、それでも飼い主さんが「今何を考えているかな?」と想像したり、歩み寄ってい

くことで、より良い関係を築くことができるはずです。

暮らしのなかで困ったことが出てきたときは、まずはうさぎの立場になって考えてみましょう。たとえば、トイレを使ってくれないとき。うさぎからしたら、自分の好きなところにしたいというシンプルな理由があるだけで、無理やり決められるのは嫌なのです。飼い主さんが「トイレにしてくれなくても、掃除すればいいか」と思えるなら悩みはなくなりますし、「この子がしたくなるトイレってどんなものだろう？」と、うさぎの行動をよく観察し、その子に合ったトイレを用意するのも、腕の見せどころです。

性格、好みはうさぎそれぞれ。年齢や体調によっても変化します。そのときどきのうさぎの状態に合わせ、生活空間や食事内容など「うちの子仕様」にカスタマイズし続けて、我が家のベストを見つけていきましょう。

ほめて育てて幸せなうさぎライフを

うさぎとよい関係を築きたいなら、「叱るよりほめる」を意識するのが大事です。うさぎがケージをかじるなど望ましくないことをしたときは、叱るのではなく無視を。かじりたいうさぎの気持ちを尊重して、代わりにかじってよいおもちゃを与えるのもおすすめです。

名前を呼んだら来た、トイレでおしっこできたなどうれしいことがあったときは必ず声に出して、思い切りほめちぎりましょう。普段の暮らしのなかでも、「牧草いっぱい食べてえらいね！」といったように、ほめ言葉をたくさんかけることを意識してみてください。「そんなにほめてくれるなら、もっとしようかな」と、うさぎの行動も自然と良い方向に向かい、飼い主さんとの関係もより穏やかで幸せなものになっていくことでしょう。

お部屋のヒミツ

環境エンリッチメントで楽しい暮らし

飼育環境を動物本来の行動ができる環境に近づけることで、ストレスを軽減し、動物の幸福度を高める取り組みを「環境エンリッチメント」といいます。うさぎたちにもっと楽しく快適に生活してもらうためにも、飼われているうさぎの祖先であるアナウサギの野生での暮らしをお手本に、生活環境を整えましょう。

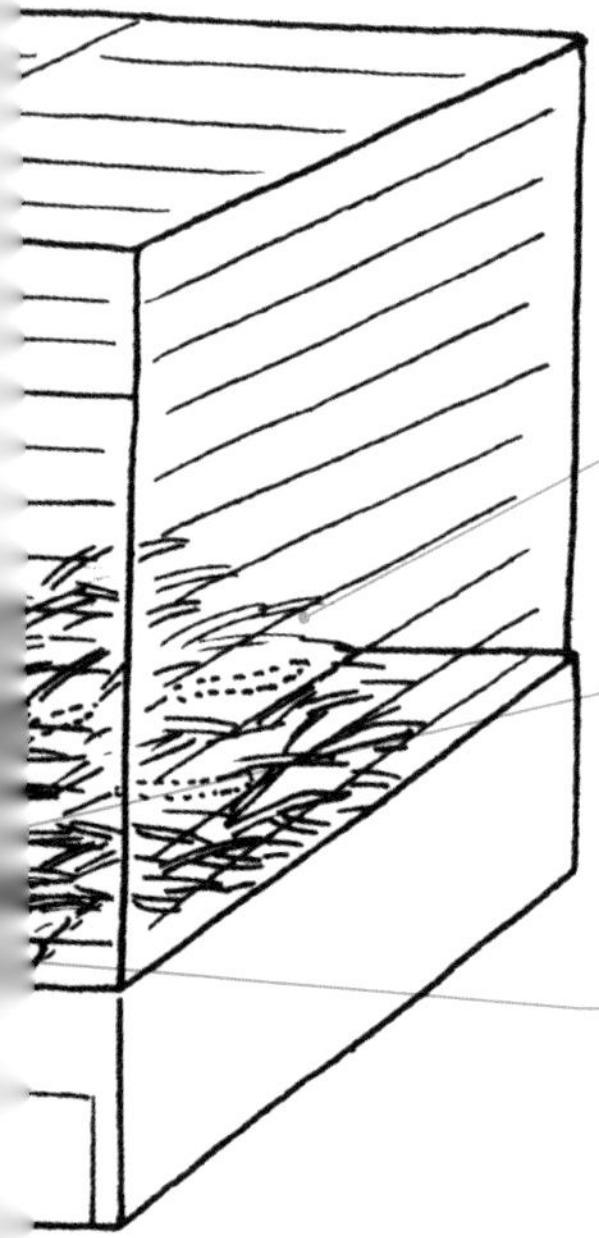

牧　草

縦向きではなく横向きに置く方が食べやすい。床に直置きでもOK。

食　器

うさぎがひっくり返せない重さのあるお皿か、固定できるものを。食べやすいかどうか、食事中の様子もきちんと確認して。

床　材

金網、すのこ（木製、樹脂、プラスチック）などさまざまな種類がある。掃除しやすく、足裏に負担をかけないものをセレクトして。

床材の選び方

一般的なケージの床はプラスチックのすのこや金網。フンが下に落ちるので衛生的ですが、うさぎによっては足裏に負担がかかり、ソアホック（足底潰瘍）を起こすことがあります。木のすのこやワラ座布団、布のマット（ただし、うさぎがかじらない場合のみ）など複数の床材を組み合わせるのもおすすめです。今の環境で足裏の毛が薄くなっているようなら、床材の変更をすぐに検討しましょう。

エンリッチメント豆知識

アナウサギの巣穴には通路でつながったたくさんの小部屋があり、寝る場所や排泄する場所は分かれているのが基本。このため、食事をする場所や寝床はなるべくトイレから離しましょう。

獣医さんおすすめの
ケージレイアウト

ケージ

・体を伸ばしても足先と頭が壁に当たらない、うさぎがくつろげる広さに(60×80cm以上)。犬用ケージなどの利用も◎。
・壁に面した落ち着ける場所に設置する。

トイレ

うさぎによって好みがあるので、使いやすいものを。

給水器

給水ボトルには直接飲むボールタイプと受け皿が付いたディッシュタイプがある。これとは別に水皿を併用するのがおすすめ。

水皿

給水器との併用がおすすめ。

ステップ

・出入り口の大きな段差でケガをしないよう、ステップを設置するのがおすすめ。ステップの表面には滑り止め加工を忘れずに。イラストのステップは大きさの異なるプラスチックのカゴにクッションを紐でつけて並べ、階段状にしたもの。
・スロープは嫌がる子が多く、スロープを避けてジャンプすると、事故につながるケースも。

Q ケージ内にロフトは必要？ ……… **Answer 年齢に合わせて**

ロフトやハウスがあると、下に隠れたり上に飛び乗ったりと、うさぎにとってお気に入りの場所になるでしょう。ただ、せまいケージ内ではケガにつながることも。設置する場合は、十分な広さのケージを用意し、着地の際に爪を引っかけないようマットなどを敷きましょう。シニアになったら事故を未然に防ぐために取り外します。

獣医さんおすすめの

サークルレイアウト

アナウサギは「土を掘る」「巣穴に出入りする」「食べ物を探す」などの行動をします。
サークル内でもそれらが再現できるように工夫しましょう。

獣医さん
おすすめポイント

キャリーケース

普段使っているキャリーをハウスの代用として常時置いておくと、キャリーに入ることへの抵抗感が減る。上に乗って遊ぶこともあるので、足が滑らないよう敷物を置いて。

サークル

柵は跳び越えられない高さ（120cm以上）、広さは1畳〜。サークルの金網をかじる子は外側からアクリル板などを当てて網の隙間がないように工夫を。

ケージ

サークルと組み合わせる場合は、なるべくサークル内の隅に設置する。

おもちゃ

「もぐる」「掘る」「かじる」「食べものを探す」など本能を満たして遊べるおもちゃを用意する。かじってしまう子は布のおもちゃは避け、安全な素材のものを。
※「遊びのヒミツ」は90ページ〜参照。

牧草置き場

サークル内でも牧草を食べられるようなポイントが1〜2ヶ所あると良い。

床　材

足裏に優しいジョイントマットがおすすめ。汚れた部分だけ洗うことが可能で掃除も楽。

へやんぽのヒミツ

家の中は危険がいっぱい！安全対策をしっかりと

ケージ内だけで過ごしていると運動不足になり、ストレスも溜まります。ケージから出して「へやんぽ」させてあげましょう。ただし部屋の中では思わぬ事故やケガが起こる危険があります。事前に次の対策を行いましょう。

かじり対策

うさぎは興味を持った物をかじって確かめようとします。かじるだけでなく食べてしまうことも。観葉植物などはうさぎの口の届くところに置かないようにしましょう。かじると感電の危険がある電気コードや、かじられると困る家具の角などは、コルゲートチューブやL字金具などでガードを。

ケガ対策

落下事故を防ぐために、テーブルなど高いところに登れる足場となる場所がないかチェック。毛足の長いじゅうたんは爪をひっかけてケガすることがあるので避けて。フローリングの床も滑って危険です。ジョイントマットなどを敷いておきましょう。

Q 外で遊ばせなくてもいい？

Answer 安全第一で！

ハーネスを着けて公園などを散歩する「うさんぽ」は一見楽しそうですが、うさぎにとって外は家の中以上の危険にあふれています。外の空気を感じさせたいなら、ベランダでの「べらんぽ」や庭での「にわんぽ」を。どちらもすき間などから脱走しないよう対策をした上で、猫やカラスなどの侵入に注意しながら、目を離さず短時間で行って。

お世話のおさらい

基本編

お世話の基本を確認したい、読み返したいときにお役立てください。

うさぎの生活サイクルに合わせてお世話を

うさぎは明け方や夕方に活発に活動する、薄明薄暮性《はくめいはくぼせい》の動物。家でのお世話、食事や遊びは朝夕のタイミングがベストです。

　こうしたうさぎの生活サイクルは本能的なものですが、うさぎは適応能力が高いので私たちの生活に合わせることができます。健康に過ごしてもらうことを最優先にしつつ、人もうさぎも快適に過ごせる生活リズムを見つけていきましょう。

うさぎの生活サイクル

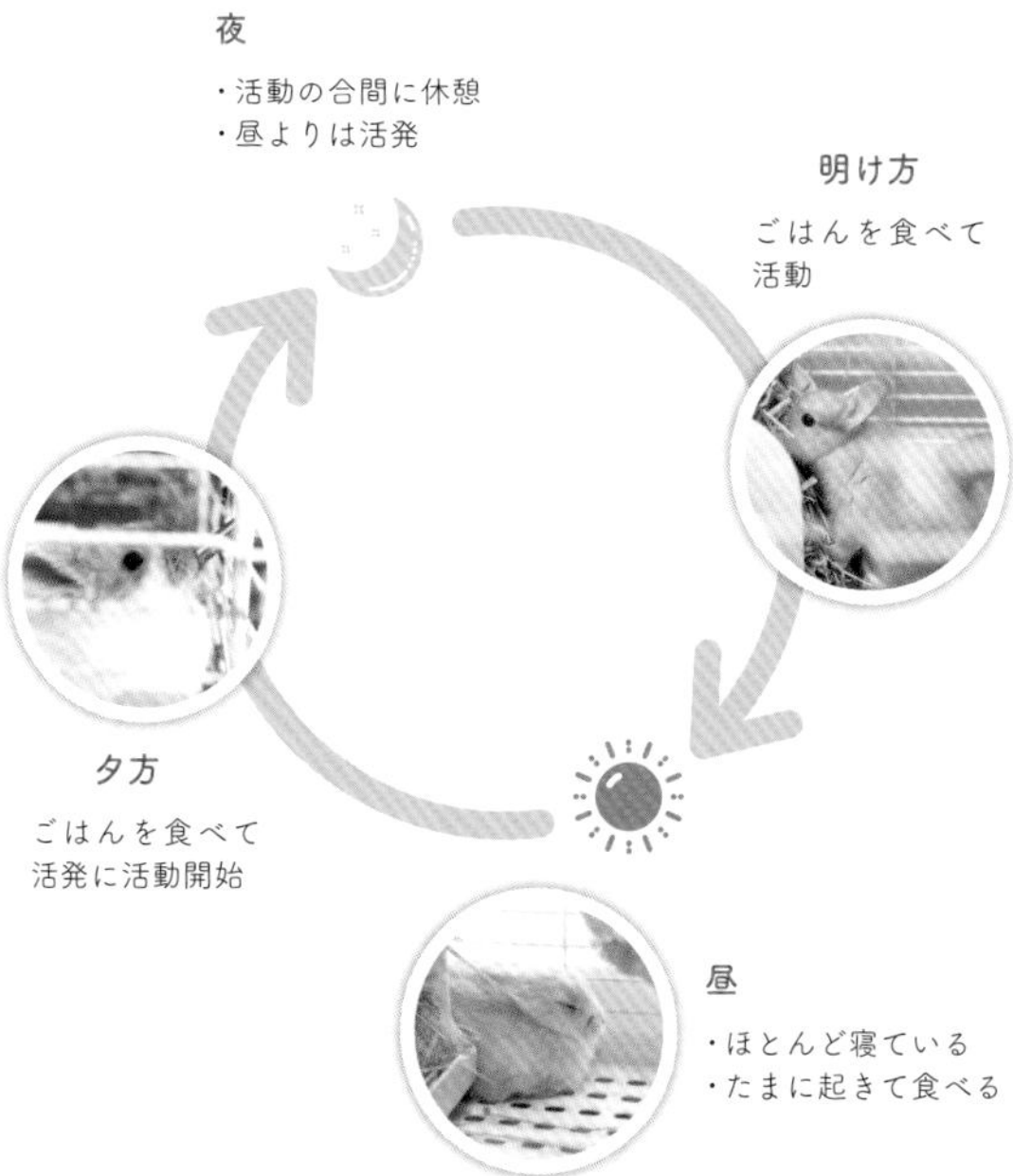

毎日すること

・トイレ掃除（朝夕2回）

排泄物の量や状態をチェック。中身を捨て、汚れをきれいにしたら新しいトイレ材（ペットシートやトイレ砂）を入れセットします。

ポイント

自分のにおいがしないためにトイレ以外で排泄してしまう場合は、トイレには少しだけにおいのするトイレ材を残しておきましょう。

・水を替える（朝夕2回）

飲んだ量をチェック。残りを捨て、容器を洗います。容器いっぱいに新しい水を入れ、セットします。

ポイント

毎回入れる量を決めておくことで、飲んだ量がわかりやすくなります。

・ペレット、牧草の補充（朝夕2回）

食べた量をチェック。残りを捨て、容器をきれいにしたら新しいペレット、牧草を入れてセット。

ポイント

朝夕2回新しくごはんを入れることで、食べた量の変化や食いつき具合から体調の変化に早めに気づけます。

・床材の掃除（1日1～2回）

ケージの底に落ちた排泄物を取り除き、床材についた汚れをきれいにします。底網は2枚あると洗い替えができて衛生的。

ポイント

床におしっこの汚れなどがついたままだと、体が汚れて皮膚炎などの原因に。毎日きれいな状態を保てるよう、しっかり掃除しましょう。

・へやんぽ（1日30分以上）

部屋に放して遊ばせます（85ページ参照）。

ポイント

へやんぽ時間にコミュニケーションを。なでながらの健康チェックを習慣にすると◎。

時々すること

・ブラッシング

換毛期には毎日、ペット用のブラシでブラッシングをする。普段は1週間に1度か、なでながら手に毛がついてきたら取り除く程度でOK（102ページ参照）。

・ケージの大掃除

1週間に1回くらいのペースで、分解して丸洗いを。

・爪切り

2ヶ月に1回くらいのペースで、伸びた部分の爪を切る（100ページ参照）。

To do List

お世話のおさらい 季節編

季節によって
お世話のポイントも変わります。
季節に合わせた体調管理を
目指しましょう。

季節に合わせて最適なケアを

野生のアナウサギはスペインやポルトガルなど、ヨーロッパのなかでも比較的温暖な地域が原産。一年を通して気温の変化が少なく、日本よりも湿度が低い地域の出身です。そのためアナウサギをもとに品種改良された日本で飼われているうさぎたちは、四季の変化が苦手です。温度・湿度を管理して、健康トラブルを防ぎましょう。

急に寒く・暑くなるなど、季節の変わり目は人間以上に敏感。早めの対策を心がけましょう。

【最適室温】18～23℃

【最適湿度】40～60%

うさぎの快適温・湿度

左の表の範囲を基準として、夏は28℃以上にならないよう、冬は10℃以下にならないように調整を。

春・秋のお世話ポイント

朝晩の気温変化が大きくなる春や秋は、夏毛、冬毛に生え替わる換毛の時期。ブラッシングをして、うさぎの毛の生え替わりをサポートしましょう。

換毛期はエネルギーを使うので、ごはんをしっかり食べられているかチェック。牧草を食べる量が減ると、自分でグルーミングをしたときに飲み込んだ毛がおなかの中で絡んでうっ滞になりやすくなります。季節の野菜など、旬のおやつもうまく取り入れて、食欲を落とさないようにしましょう。78ページで紹介しているフードやサプリもおすすめです。

梅雨・夏のお世話ポイント

　高温多湿の梅雨～夏は、うさぎがもっとも苦手な時期。ケージに温湿度計を取りつけてチェックし、エアコンで室温を調整しましょう。湿度が高いときはエアコンの除湿機能や、除湿器の活用を。

　暑さで熱射病になる危険もあります。ケージの置き場所に直射日光が当たらないよう注意。通院などで外に出るときは、キャリーケースに保冷剤をタオルで包んで入れる、車移動なら事前に車の冷房をかけて車内が冷えてからうさぎを連れてくるなど、うさぎが暑い場所にいる時間が少しでも短くなるよう工夫しましょう。

冬のお世話ポイント

　うさぎはふかふかの被毛のおかげで寒さにはある程度耐えられます。蒸し暑い夏よりは過ごしやすい時期といえます。

　とはいえ、冷え過ぎは体調を崩す原因に。エアコンで室温を一定に保ちましょう。ケージに厚手のカバーをかけたり、ペットヒーターを設置したりすれば、ケージ内を暖かく保つことができます。ただし暖め過ぎないよう、設定温度には気をつけて。コードかじりを防ぐ対策や、換気できるすき間を開けることも忘れずに。

季節の変わり目は特に
気をつけてね

遊びのヒミツ

遊びは本能的欲求を満たす行動

近年は研究が進み、動物たちは暮らしのなかで「遊び」を楽しんでいることがわかりはじめています。うさぎは群れの仲間と暮らす動物。仲間と毛づくろいをしあって親交を深め合い、うれしいときにはジャンプして、感情豊かに全身を使って表現します。一方、飼っているうさぎは刺激が少なくなりがち。おなかいっぱい食べて寝る生活は幸せですが、遊びが少ないのも考えものです。飼い主さんはうさぎの群れの一員ですから、一緒に遊ぶのも大事なお仕事。野生のアナウサギの本能行動を参考に、家庭でも楽しく本能的欲求を満たせる環境を目指しましょう。

本能①

走る、ジャンプする

野生では…

- 敵から逃れるため、全力で走る。
- ジャンプで広い範囲を移動する。喜びのジャンプで感情表現することも。

↓

家の中で見られる行動

- ケージから出たら部屋中ダッシュ!
- へやんぽ中に大ジャンプ

遊びのヒント

足が滑らず、思う存分走り回れるスペースを用意して。飼い主さんの後を追いかけて遊ぶ子もいます。

8の字大好き！

本能②
—
登る

野生では…

小高い丘などに登って辺りを見渡し、
敵が来ないか見張る。

↓

家の中で見られる行動

ソファーなど高い場所に登り、部屋を見渡す。

遊びのヒント

ハウスなどうさぎが上に乗れる物を部屋に置き、上下運動ができるように。跳び乗るときや着地の際にケガをしないよう、床にはマットなどを敷いて。

本能③
—
かじる

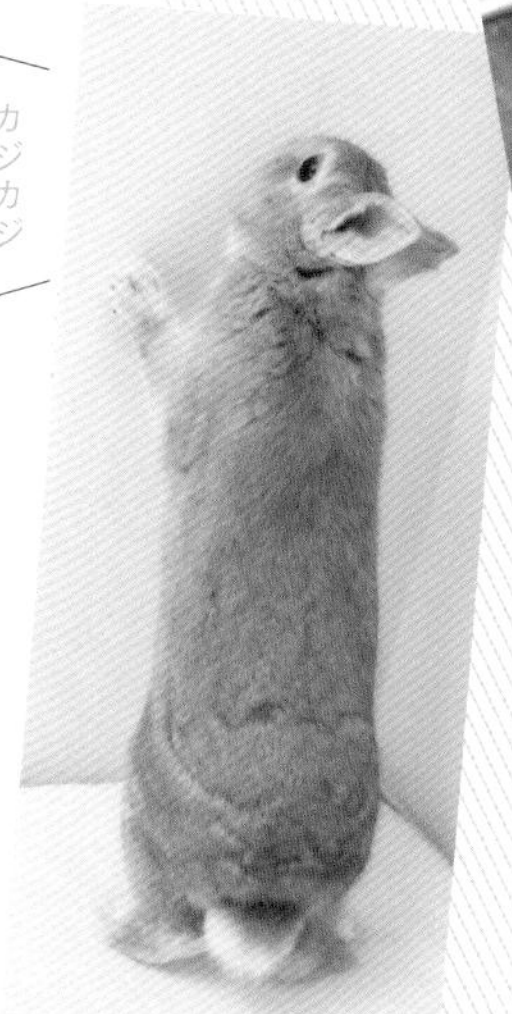

野生では…

草や木の皮をかじって食べる。

↓

家の中で見られる行動

壁紙や家具などをかじる。

遊びのヒント

食べても害のない、牧草や木でできたおもちゃを用意して、思う存分かじらせて。

本能④

掘る、くぐる、もぐる

野生では…

土を掘って、
トンネルでつながれた巣穴を作る。

↓

家の中で見られる行動

・床を掘る。
・カーテンにもぐる。

遊びのヒント

トンネル型のおもちゃは、巣穴にもぐるアナウサギ気分が味わえます。タオルや柵などに固定した布を使って、ほりほり遊びをさせてあげても（84ページ参照）。

ホリホリ

隠れてるつもりっ

せまいところ好き…

本能⑤

食べ物を探す（フォージング）

野生では…

- 食べ物が少ない時期は、地面のにおいを嗅ぎ回ったりして食べられるものを探す。
- 冬は木の皮などをはいで食べるが、1メートルの高さがある木もうさぎが食べつくしたという記録が残っている。

↓

家の中で見られる行動

床などのにおいを嗅ぐ。

遊びのヒント

好きな牧草やおやつを隠してうさぎに探させる遊びがおすすめ。
海外ではフォージング（探餌行動）用のおもちゃが販売されています。おもちゃを買わずとも、わらボールやわらマットに好物を隠すことで代用も可能。

市販のフォージングトイ

ボールタイプ

中にフードを入れて、うさぎが鼻先で転がすと出てくる仕組み。犬用や小動物用で比較的軽めのものならもうさぎに代用可。

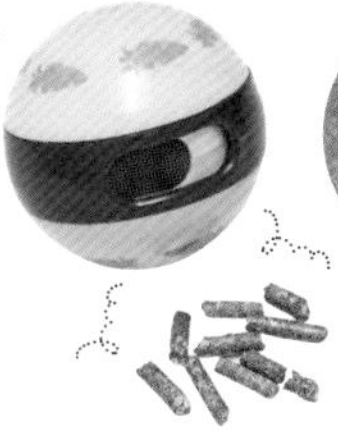

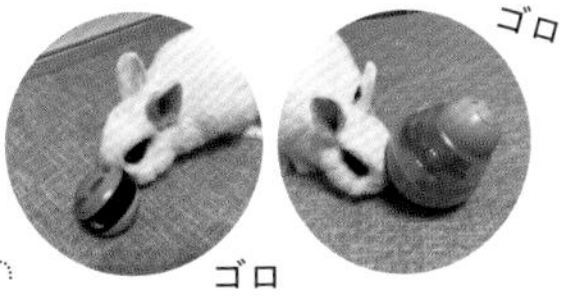

隠すタイプ

フタを開けるとフードが出る。前足や鼻を使って器用に開けるうさぎが多い。

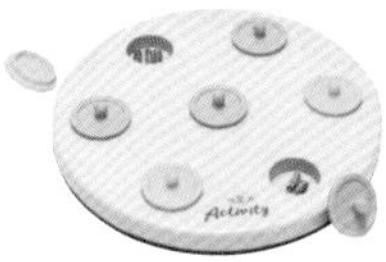

ひきだしタイプ

ひきだしの中にフードを入れて使用する。ひもを引っ張ったりかじるのが好きな子に。

複合型タワー

ひきだし、隠す、高さのある隠し場所も楽しめ、これ1つでいろいろなフォージングが体験できる。

うさぎも食事探しは楽しい！

とある研究では、野生のリスに「①簡単にエサがとれる道」と「②途中に障害があって簡単にはエサが得られない道」の２つを用意したところ、大半のリスが②を選択したという結果が出ました。リスは単純にごほうびがもらえるよりも、複雑な工程を考えたり工夫して楽しむことが好きだということが証明されたのです。小動物ではこうした研究が進んでおり、うさぎも同じようにごはんを探して見つける、という一連の行動を楽しんでいると考えられています。

もっと仲よくなるヒミツ

個性を大事に

「うさぎって○○だよね」。人から言われるたびに、「うちの子はそうじゃないんだけどな…」と思う飼い主さんも多いのではないでしょうか。

本やインターネットに書かれているうさぎの性格論は、これまで飼ってきた人たちの豊富な経験論から構成されているため、すべてのうさぎに当てはまるわけではありません。もちろん、品種によって特徴的な性質などもありますが、性格はうさぎそれぞれ。うさぎの数だけ個性があるのが、うさぎの魅力ともいえます。一般論にとらわれず、それぞれの個性や性格を大事にしながら「うちの子」への理解を深めることが、もっと仲よくなれる秘訣です。

品種別・性格の傾向

一般的に「この品種はこんな性格の子が多いかも」と言われています。遺伝によって性質が似ていたりすることも。もちろん個体差があるので、付き合い方はそれぞれの子に合わせて。

ホーランドロップ

温和、物怖じしない、人なつこい

ネザーランドドワーフ

やんちゃ、怖がりで神経質、ちょっとわがまま

ドワーフホト

マイペース、活発

ミニレッキス

好奇心旺盛、運動大好き

メス

気が強い子が多い

【多頭飼いの注意点】
メスどうしの方がお互いに許容できることが多いものの、相性に左右されやすい。

オス

甘えん坊気質の子が多い

【多頭飼いの注意点】
オスどうしの激しいナワバリ争いに発展することがあるので、できるだけ避けた方が無難。

呼んだら来る!?

うさコミュニケーションに挑戦

うさぎとコミュニケーションをとりたいけれど、こちらの思う通りになんて無理…と思っていませんか？　実はうさぎも段階を踏んで練習すると、意志の疎通がスムーズにできるようになります。まずは「呼んだら来る」を下のステップで練習してみましょう。

大事なのは、飼い主さんの忍耐力と粘り強さ。そしてほめるタイミングの良さと質。いかにほめ上手になれるかがカギです。

STEP 1

好物を入れた缶や袋を振って、音を鳴らす。

→うさぎが音に注目したら、
好物をあげてたくさんほめる。

STEP 2

音を鳴らしながら同時に名前を呼ぶ。

→できたら好物をあげてたっぷりほめる。

○○ちゃん、来れたね！すごい！

ほめるのは大事！

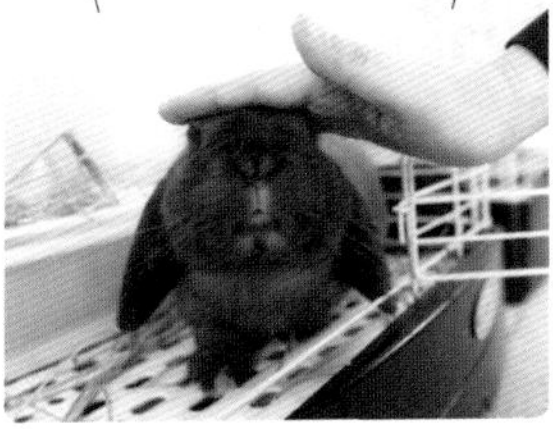

STEP 3

さらに離れたところから
音を鳴らし名前を呼ぶ。

→できたら好物をあげてほめる。

→→だんだん距離を長くしていく。

STEP 4

名前だけ呼んで来るにチャレンジ。

→このころには好物がなくても、
たくさんほめるだけでうさぎも喜ぶように。

→→「呼んだら来る」ができるようになっても、
たくさんほめ続けるのを忘れずに。

ひざに乗る・抱っこにも
応用できます

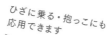

体のケアのヒミツ

爪切りやブラッシングなど、日常的に必要なケアを詳しく解説します。
少しずつ練習しましょう。

抱っこ（保定）

うさぎは抱っこ嫌いな子がほとんどですが、体のケアをするには抱っこできるようになっておきたいもの。ポイントを押さえて、抱っこマスターになりましょう！

事前準備

ひざに慣れてもらう

好きなおやつを見せて、ひざの上に誘導する。ひざに慣れるまではこの流れをおやつタイムの定番にしてみて。

なでる

なでて落ち着かせて、ひざの上にいることに慣れさせる。

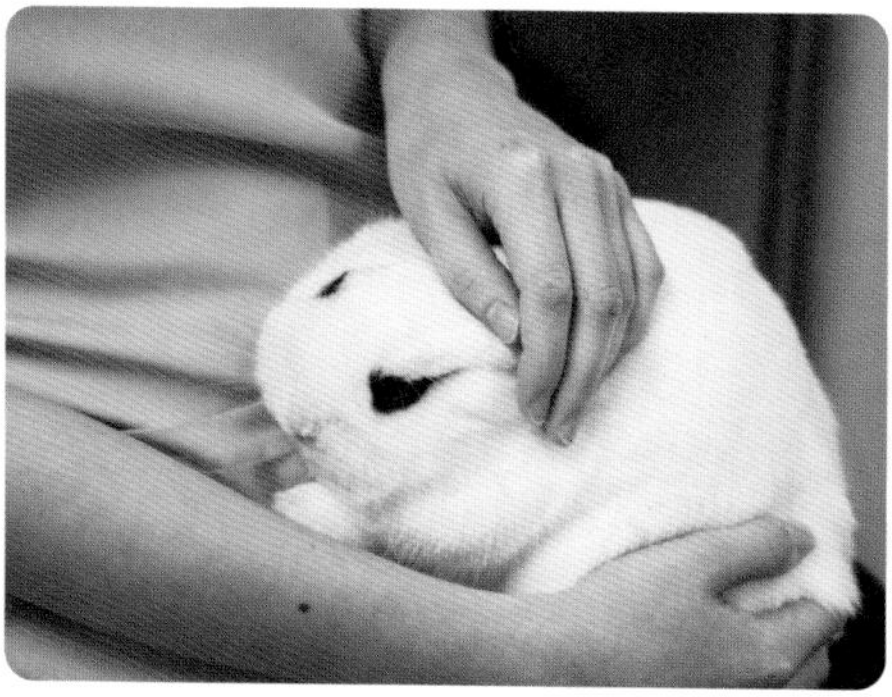

POINT

- なでるときは、ゆっくりと、優しく、毛を押し込むように。
- なで始めからなで終わりまでの目安は２～３秒ほど。
- 「かわいい」「えらいね」など、うさぎの喜ぶ言葉をたくさんかけて。
- なでる場所はうさぎの好みに合わせて。おでこ、耳の付け根～先端を好む子が多い。
- 飼い主さんも呼吸を整え、うさぎと呼吸を合わせるようなリラックスした気持ちで。飼い主さんが緊張するとうさぎも暴れてしまいがち。
- 一番のポイントは飼い主さんが落ち着くこと！

保定❶

片手をうさぎの脇の下に入れて胸を支え、
もう片方の手でお尻に手を添えて持ち上げる。

〈 正面 〉

〈 横から見たところ 〉

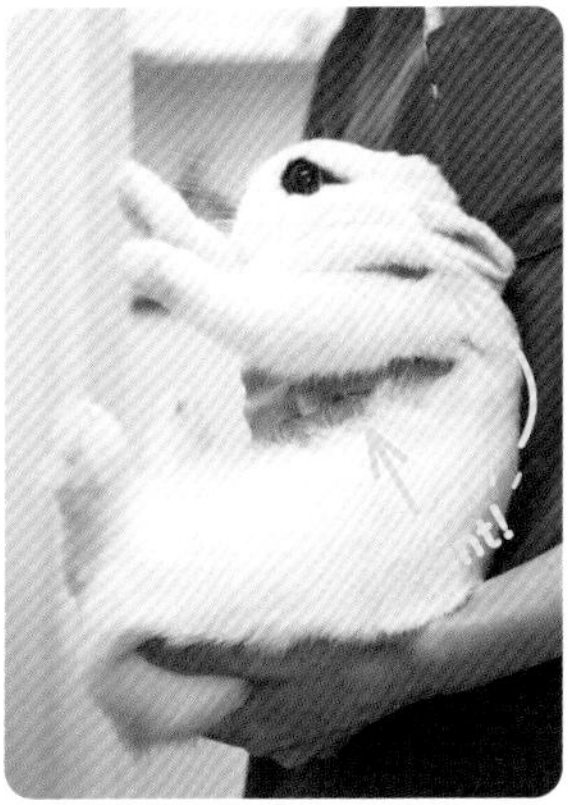

人差し指と中指の位置に注目！

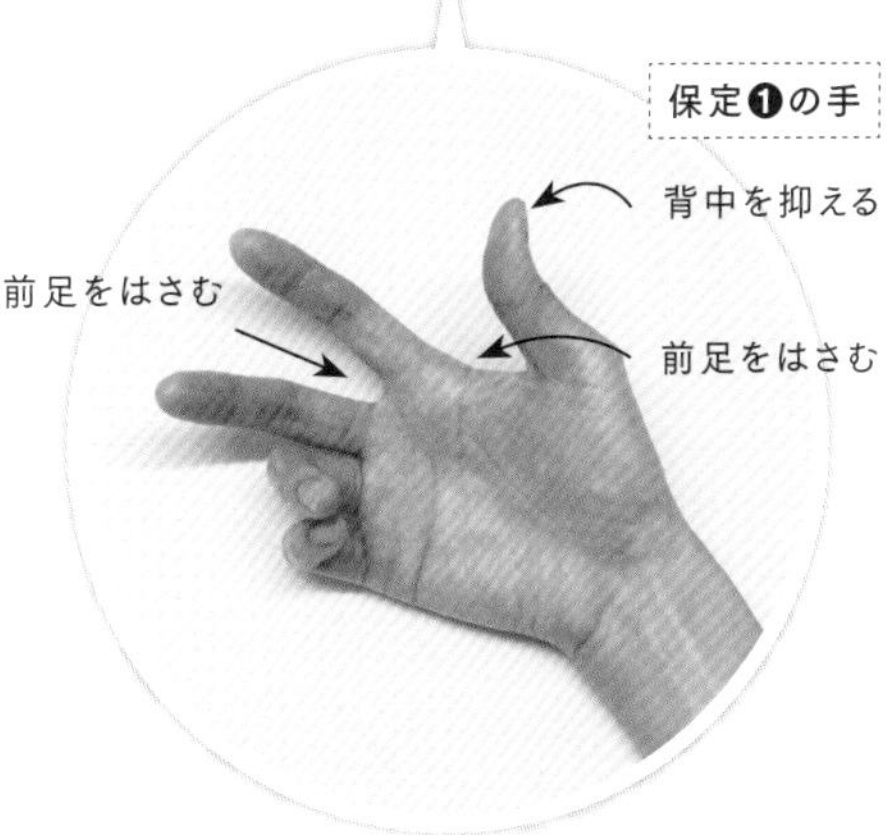

POINT

人差し指と中指で、うさぎの前足の付け根をはさんで固定。手のひらでうさぎの胸をしっかり支えて安定させます。

保定❷

両手でうさぎの脇の皮膚をしっかり掴んで持ち上げる。

←

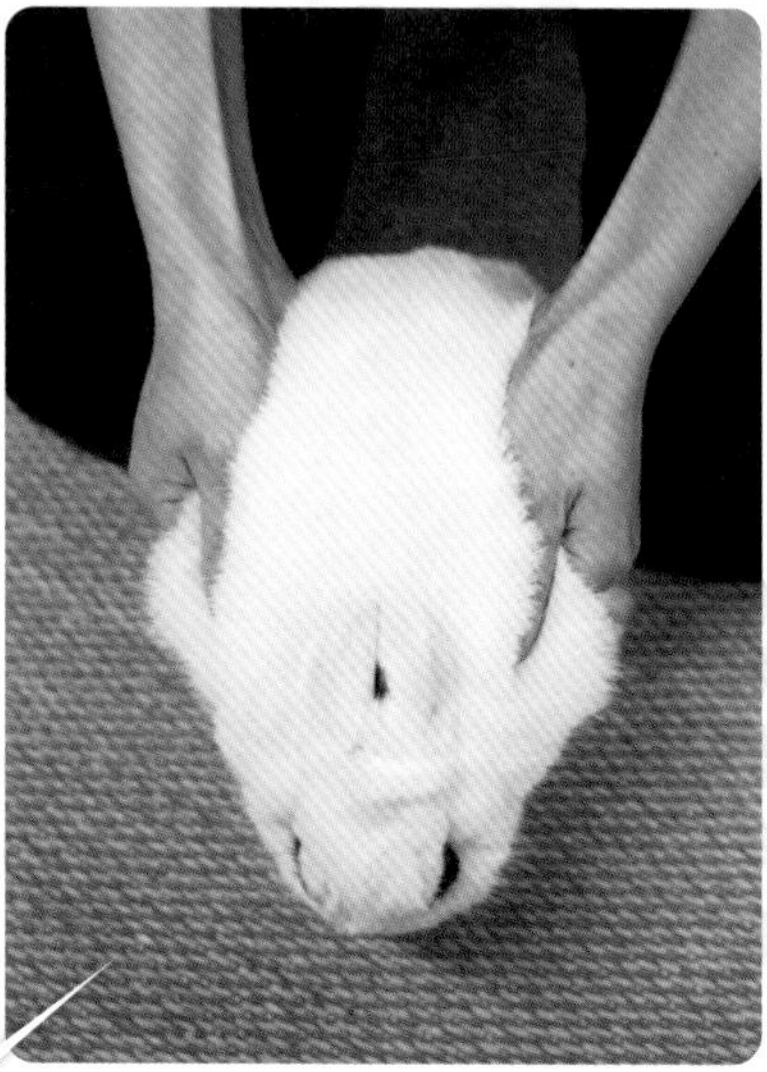

保定❷の手

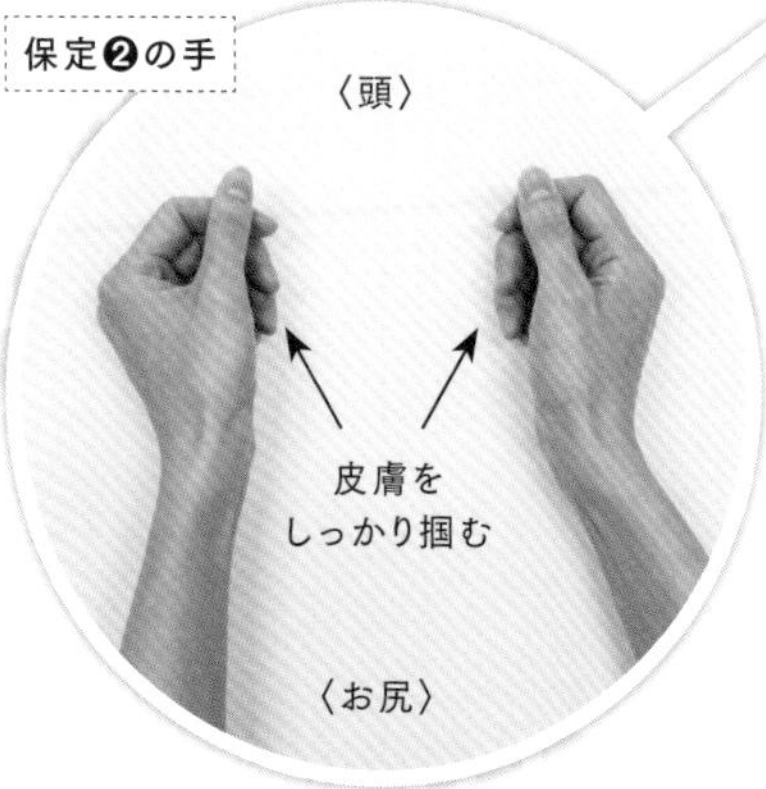

皮膚はしっかり掴む！

うさぎの動きを止める方法

うさぎが急に逃げ出そうとしたときなど、走るのを止めたいときに便利な方法。股関節に指先をぐっと押し込むように掴むと、足が固定されてうさぎは走れなくなります。とっさのときでもできるように練習しておくと安心！

〈 このときの手 〉

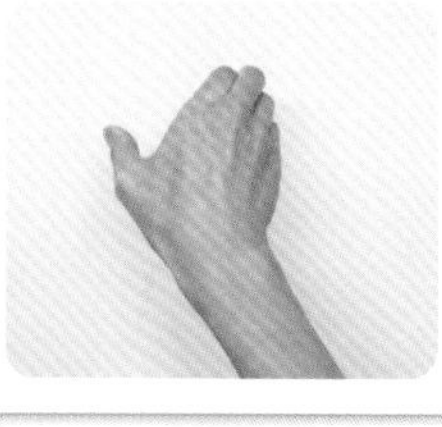

or

保定❸

片手でうさぎの首の皮膚をしっかり掴み、もう片方の手でお尻を支えて持ち上げる。

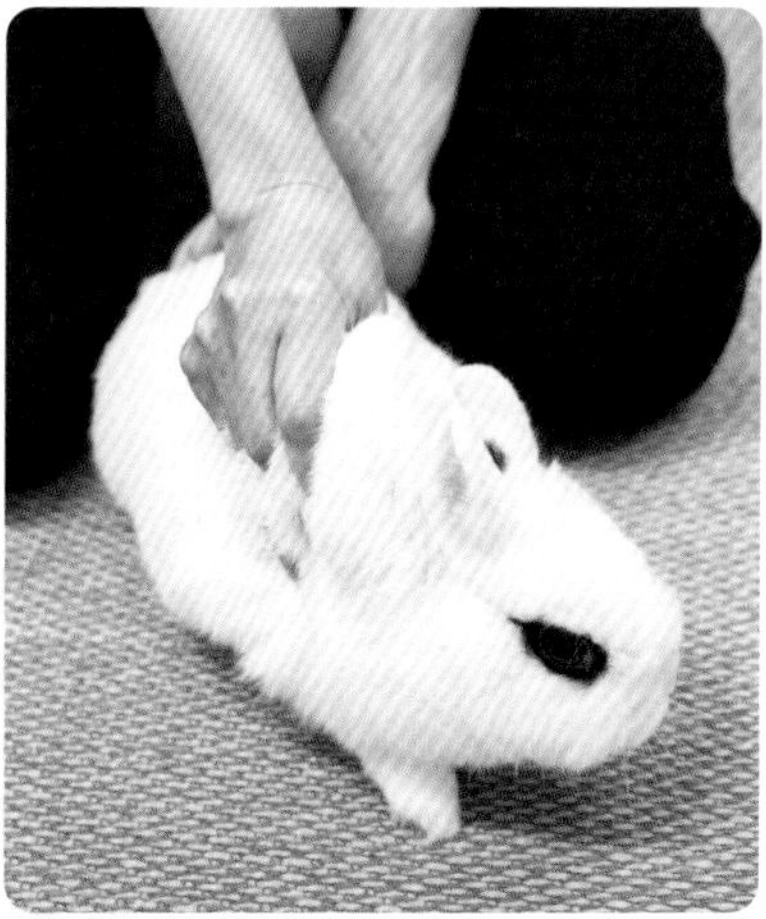

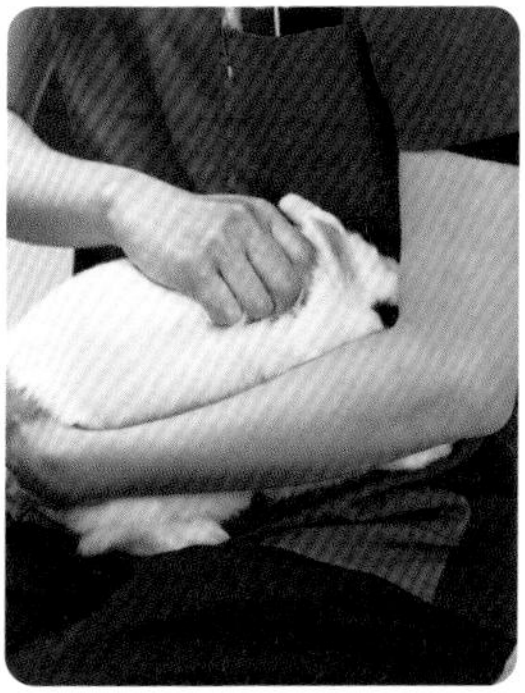

飼い主さんの脇に顔を隠すような位置にうさぎを持ってくると落ち着きます。

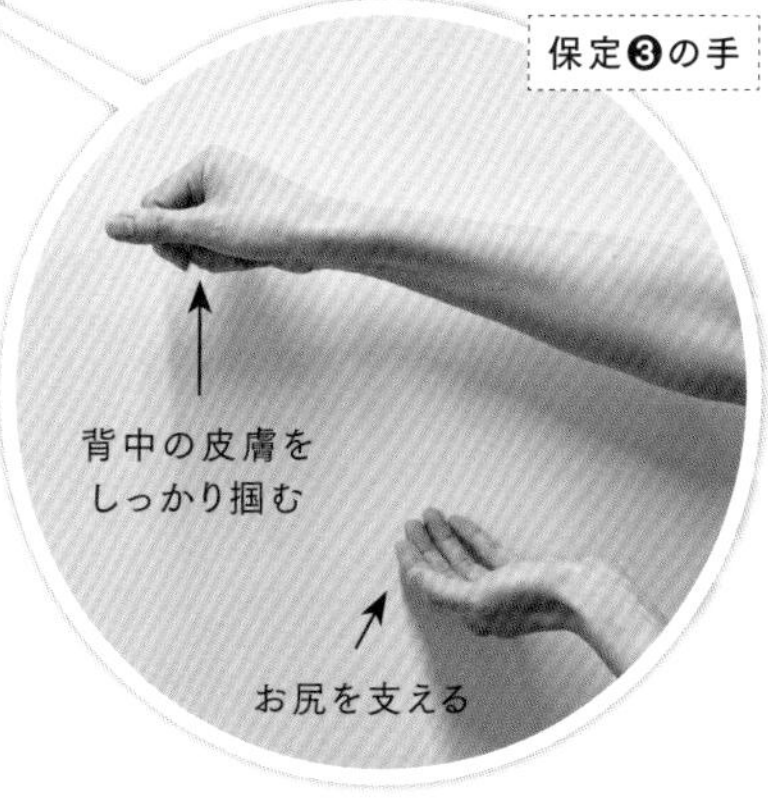

POINT

軽い力でつまむように持つのはNG。握りこむように、手のひら全体で力を入れて、たっぷりと皮膚を掴みましょう。

Q 皮膚を掴まれて痛くないの？

Answer 全然痛くありません！

痛いのはむしろ皮膚を少しだけ掴まれること。人間も洗濯バサミで皮膚を薄く、少しだけつままれると痛いのと同じです。なるべくうさぎの皮膚だけをたっぷり掴むように意識すると、うさぎも暴れません。うさぎの体全体に力を加えたり抱え込んでしまうと、嫌がられてしまいます。

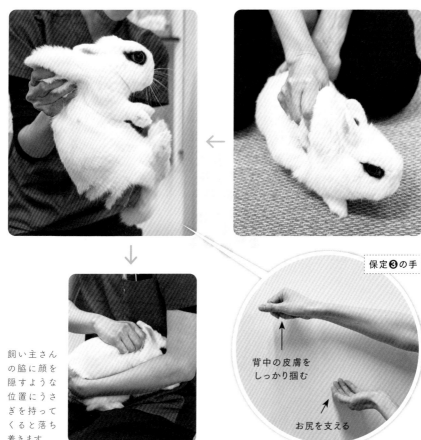

爪切り

爪が伸びすぎると、引っかけてケガをすることもあります。1～2ヶ月に一度は爪切りをしましょう。慣れるまでは一気に切ろうとせず、1日1本から始めても。

用意するもの

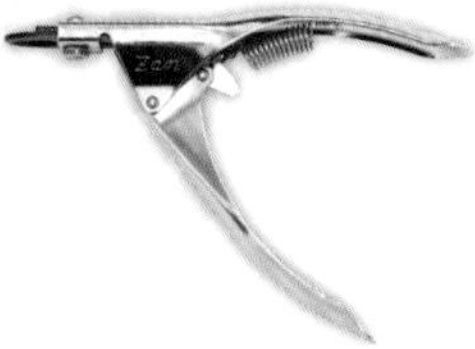

ギロチン型爪切りが切りやすく、
獣医さんおすすめ。

基本の切り方

1

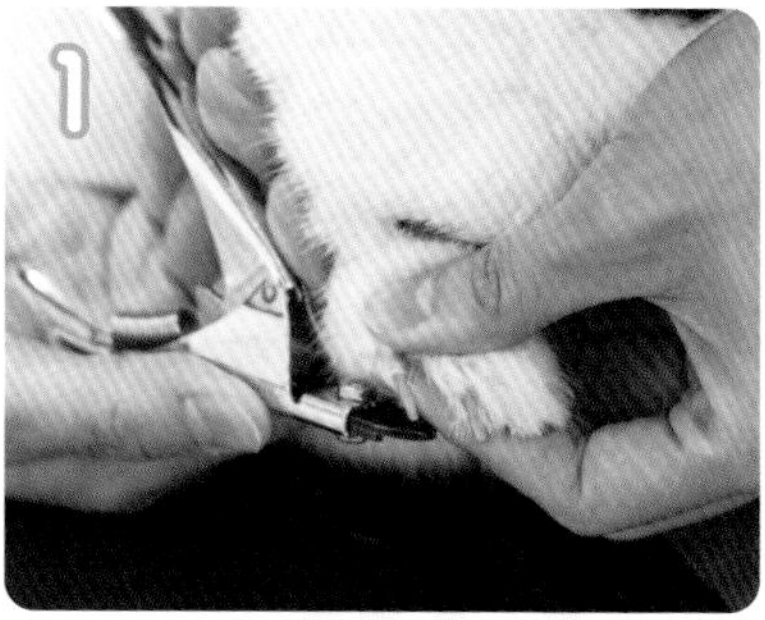

指先の毛をかき分けて爪を露出させる。

2

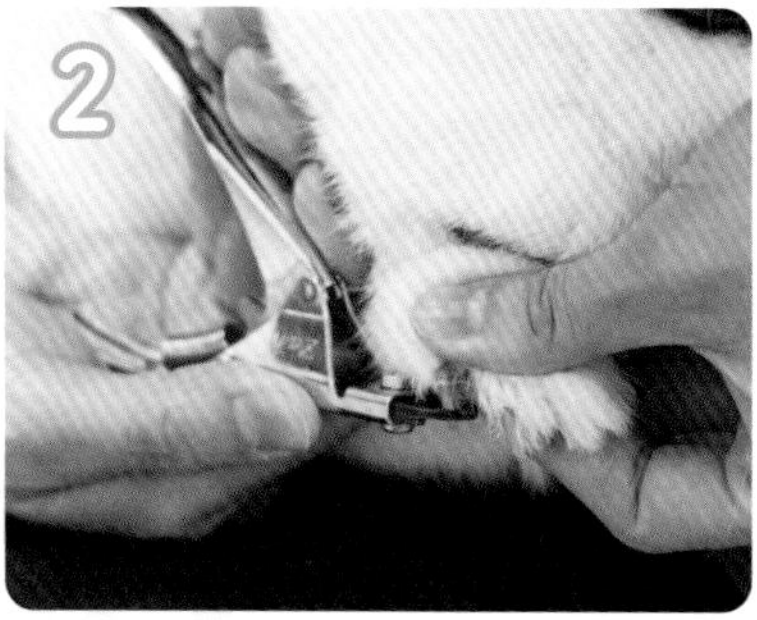

爪切りを垂直に当て、先端を切る。余裕があれば、さらに爪切りをななめに当て、切り口の角を落とす。

POINT

出血したら

爪切りで出血したときは、市販の止血剤（クイックストップ）を塗るか、ティッシュなどで切り口を軽く押さえ、血が止まるまで待ちます。

血管を確認！

うさぎの爪には血管が通っているため、血管が通っていない先端部分を切りましょう。黒い爪の場合はライトに当て光に透かすと血管が確認できます。

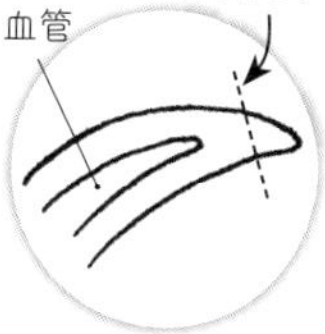

二人で爪切り（仰向け）

ひざの上にうさぎを仰向けにしてしっかり保定し、もう一人が切る。

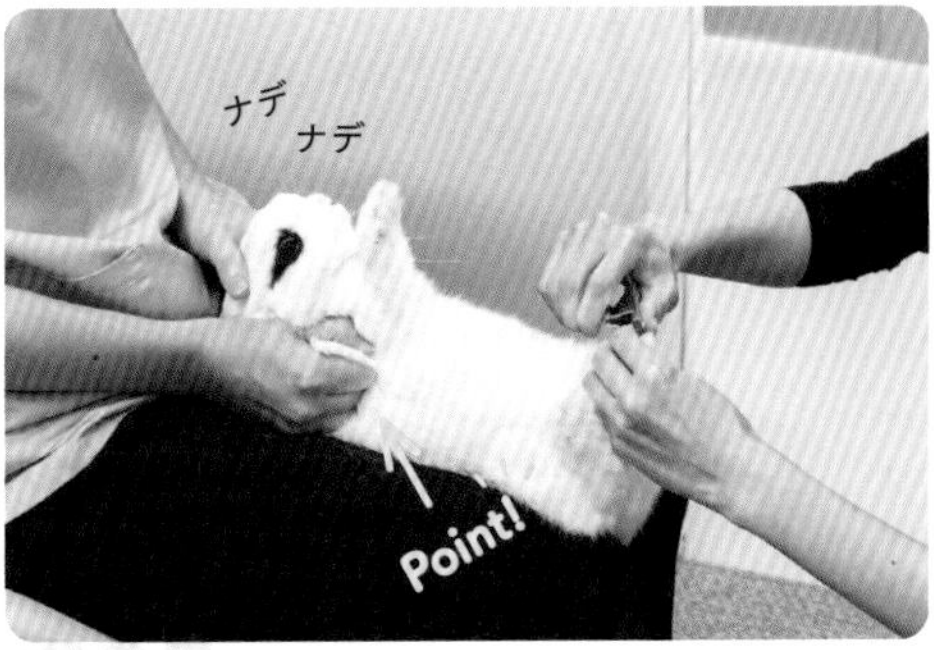

POINT

ひざの間にうさぎのお尻を固定し、片手で脇の皮膚を掴むなどしてうさぎをしっかりと保定します。落ち着かせるよう、頭をなでながら行うのがおすすめ。

二人で爪切り（洗濯ネット）

洗濯ネットにうさぎを入れて一人が持ち上げ、もう一人がネットの網の間から飛び出している爪を切る。

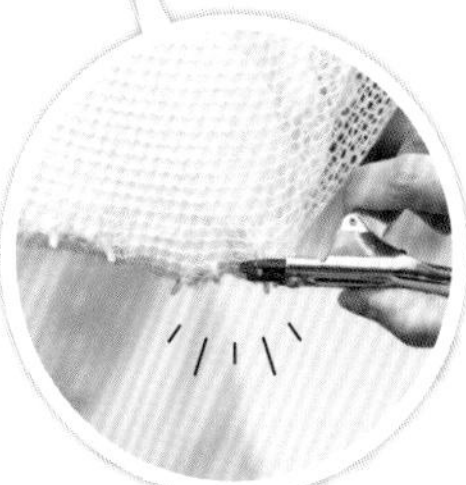

POINT

- 洗濯ネットはうさぎが入る大きめのものを用意する。
- うさぎがバランスをとろうとして足を踏ん張ることで、ネットの網の間から爪が出るため、うさぎの体への負担が少ない。
- 落とさないようにしっかりとネットを持ち、できるだけ床に近い低い位置で行いましょう。

上級編

一人で爪切り

うさぎをひざの上に乗せる。腕をうさぎの体の脇に沿わせ、うさぎを軽く押さえて保定しながら切る。

上半身を前傾させ、おなかで頭を軽く押さえるようにすると、より安定する。

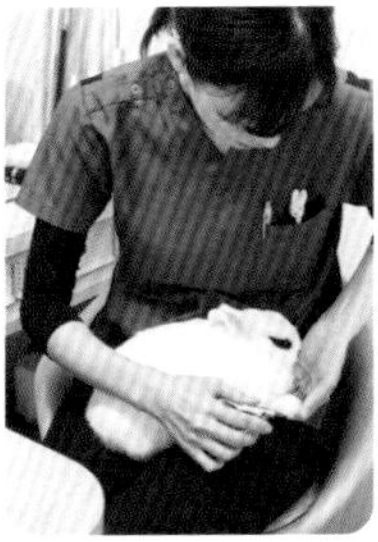

ブラッシング

うさぎが自分でグルーミングするときに抜け毛を大量に飲み込むと、うっ滞（128ページ参照）の原因になることも。抜け毛が増える換毛期には毎日、普段は1週間に1回程度、ブラッシングをして抜け毛を取り除きましょう。

コーム型ブラシ

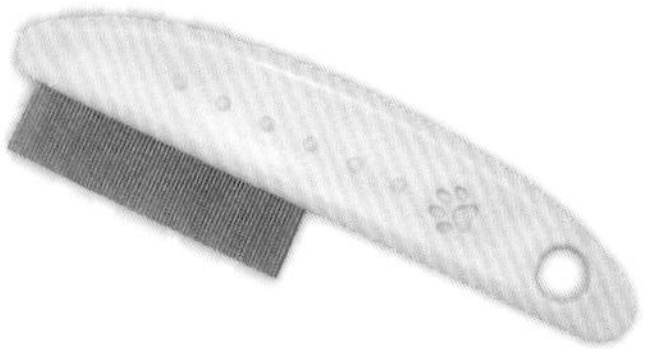

目の細かいトリミング用コームがおすすめ。

基本のブラッシング

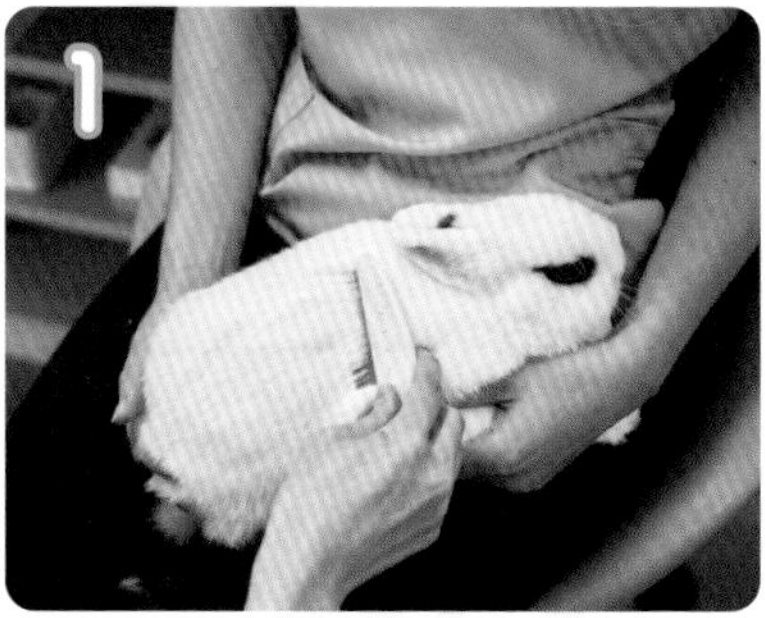

毛の流れに沿って、背中からお尻の方へ向かってブラッシングする。

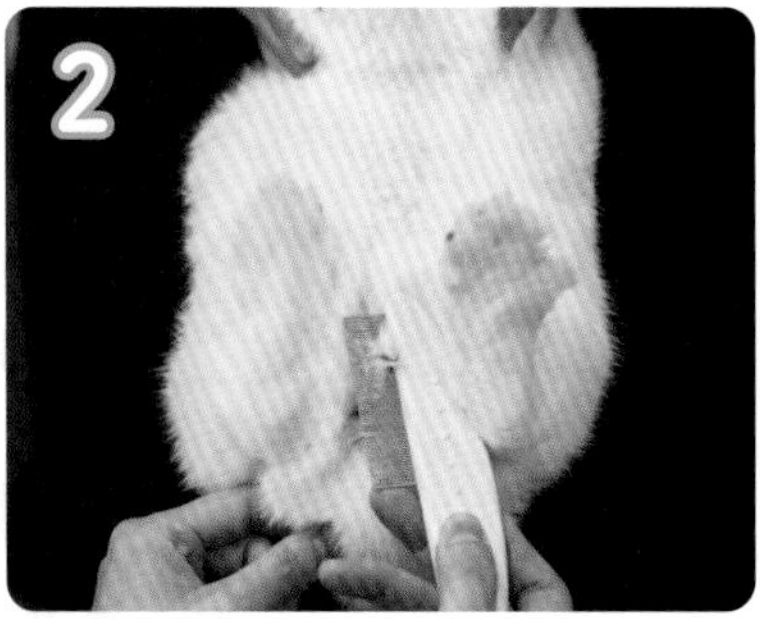

お尻にウンチがくっついている場合は、仰向けにしてコームで取り除く。

二人でブラッシング

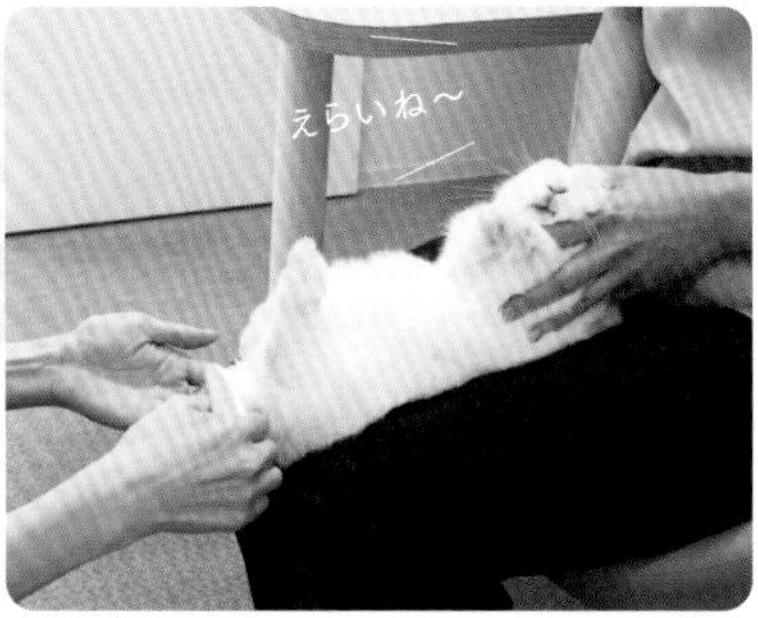

一人がひざの上でうさぎを保定し、もう一人がブラシをかける。

POINT

爪切りと同じように、うさぎをしっかりと保定して。頭をなでたり声をかけて落ち着かせるのを忘れずに。

一人でブラッシング（上級編）

うさぎをひざの上に乗せてから腕をうさぎの体の脇に沿わせ、うさぎを軽く押さえて保定しながらブラッシングする。

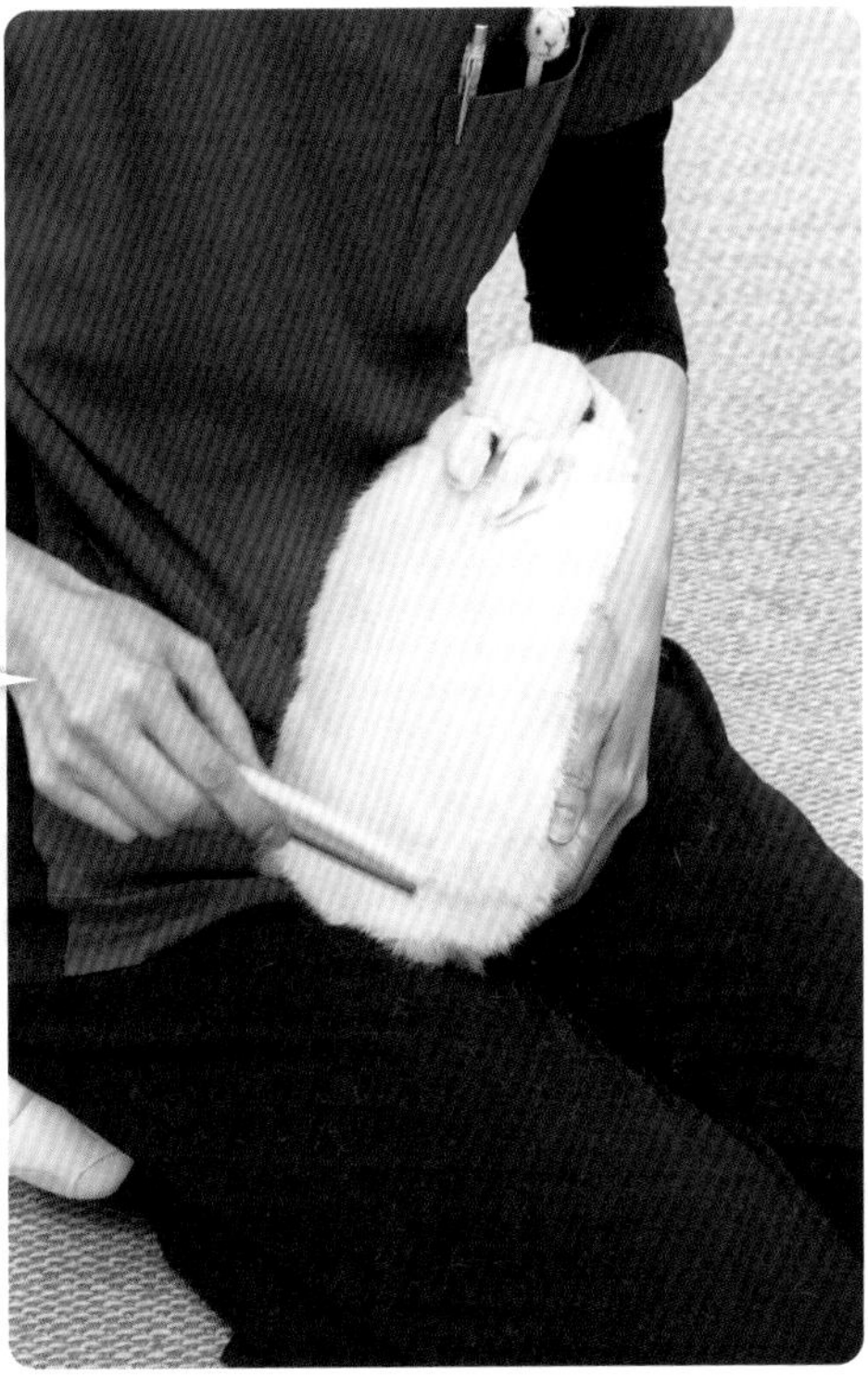

POINT

仰向けにするときは、うさぎの頭を脇にはさむように保定すると安定します。

換毛期以外は短毛種はブラッシングは不要。気にならなければ、うさぎ自身のお手入れにお任せでOK。

目のお手入れ

慢性的に目やにや涙が出る状態のときは、目やにが固まってガビガビになってしまいます。必要に応じたケアを定期的に行いましょう。

準備するもの

・コットン
・お湯
・ペットシーツ（防水対策に）

POINT

ぬるいお湯では目やにがしっかりふやかせないので、触って熱いと感じるくらいの温度（50度くらい）のお湯の用意を。

お湯にコットンをたっぷりとふくませてからうさぎの目元に軽く押さえるようにして当てる。そのまま2～3分ほど待ち、目やにをふやかす。

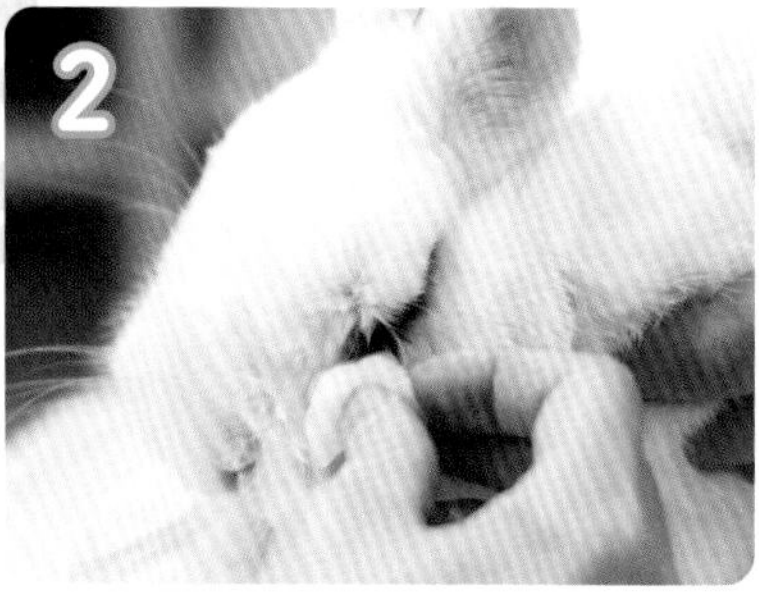

目やにがふやかせたら、コットンで拭き取る。

固まっているところは指でほぐして、もう一度濡らしたコットンで拭き取る。

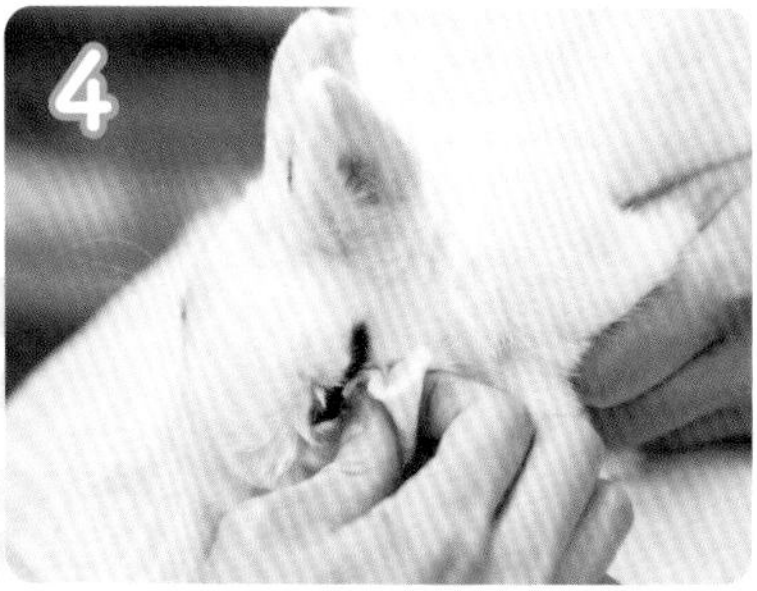

最後に乾いたコットンで水気を拭き取る。

耳のお手入れ

足の動きが悪くなり自分で耳掃除ができなくなると、耳垢が溜まってしまうことがあります。できる範囲で耳のケアを。

準備するもの

ガーゼ（ティッシュでも可）

POINT

綿棒などを耳の奥まで突っ込むと、耳垢が奥へ押されて鼓膜が破れる危険があります。家では指が入る範囲までに留め、奥の方は動物病院でケアしてもらうようにしましょう。

基本のやり方

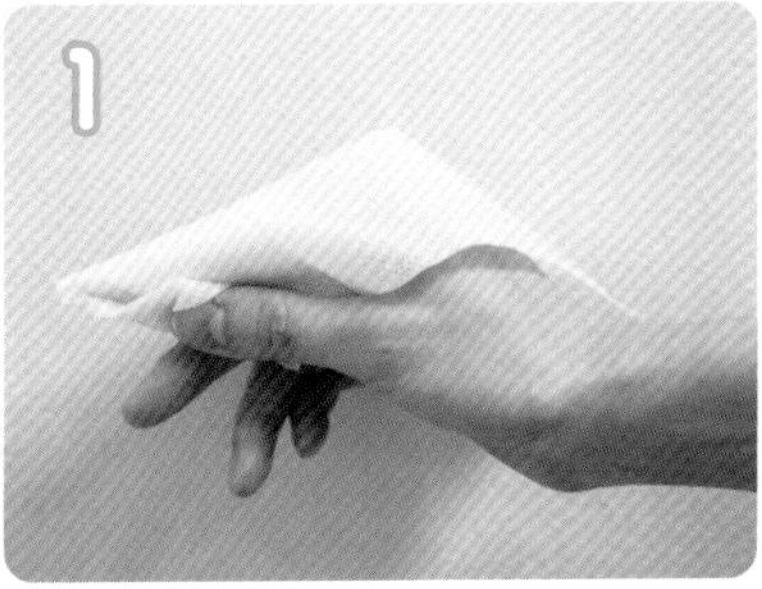

指にガーゼをきつめに巻きつける。

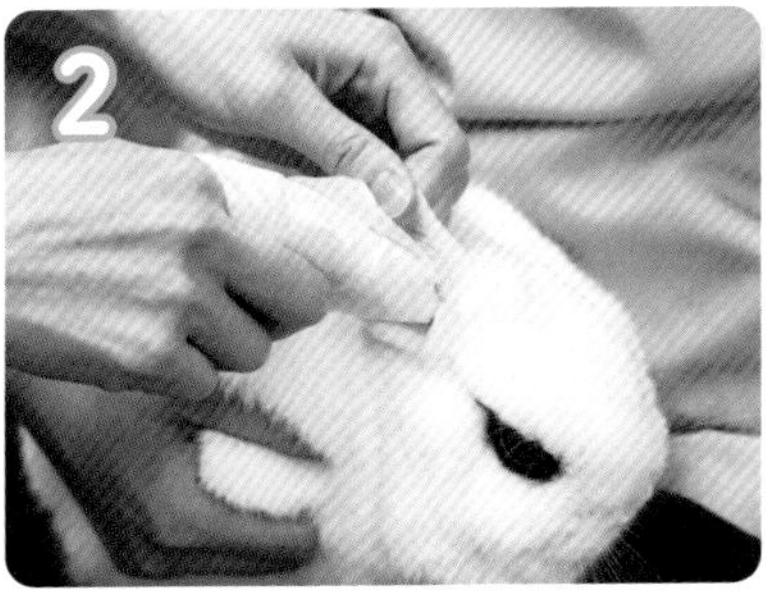

片手で耳を軽く引っ張りながら、ガーゼを巻いた指を入るところまで入れて拭き取る。決して奥まで指を入れすぎないように注意を。

耳掃除は健康なうさぎには不要

若いうちは自分の足で耳掃除ができるので、お手入れはほとんど不要。若くて健康なのに耳垢が目立つようなら、まずは動物病院を受診してみましょう。ただし、ロップなどのたれ耳うさぎや耳掃除が苦手な子は病院で定期的に耳のケアを。

お尻洗い

ブラッシングで取りきれないほどお尻がフンなどで汚れてしまったときは、シャワーでお尻を洗ってきれいにしましょう。病中やシニア期は定期的なお尻洗いが必要なことも。

準備するもの

・吸水性の良いタオル
・ドライヤー

一人がうさぎを仰向けにして体をしっかり腕で支えて保定し、もう一人がシャワーのお湯をお尻に当てながら、汚れた部分を洗う二人体制で行う。

フンやおしっこなど、お尻の周りを重点的に洗う。

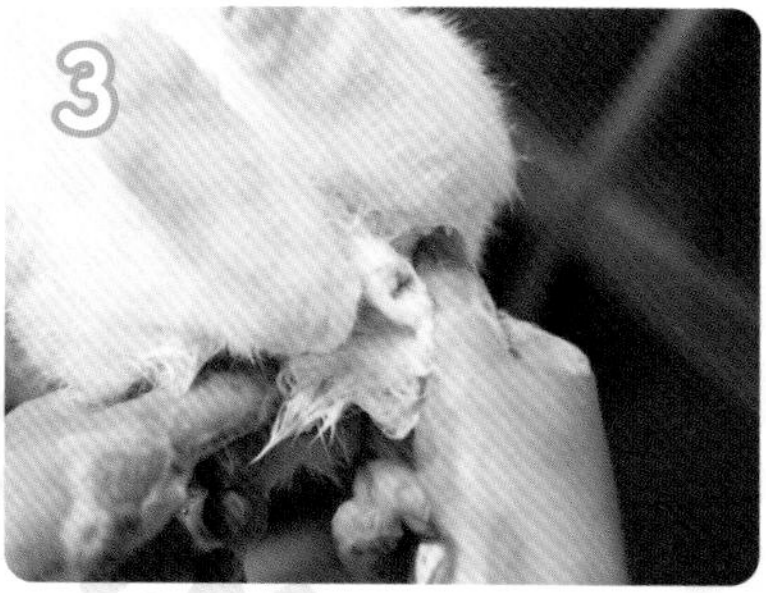

汚れがひどい場合はペット用シャンプーを揉みこんで洗う。

POINT

お湯の温度は38 ～ 40度！

お湯の温度は少し温かいくらいの38 ～ 40度ほどが目安。熱すぎると火傷の原因になるので、お湯を出す前にしっかり飼い主さんの肌で確認しましょう。逆に冷たすぎると体を冷やして体調不良になることも。「うさぎがどう感じるかな？」と考えることを常に忘れないで！

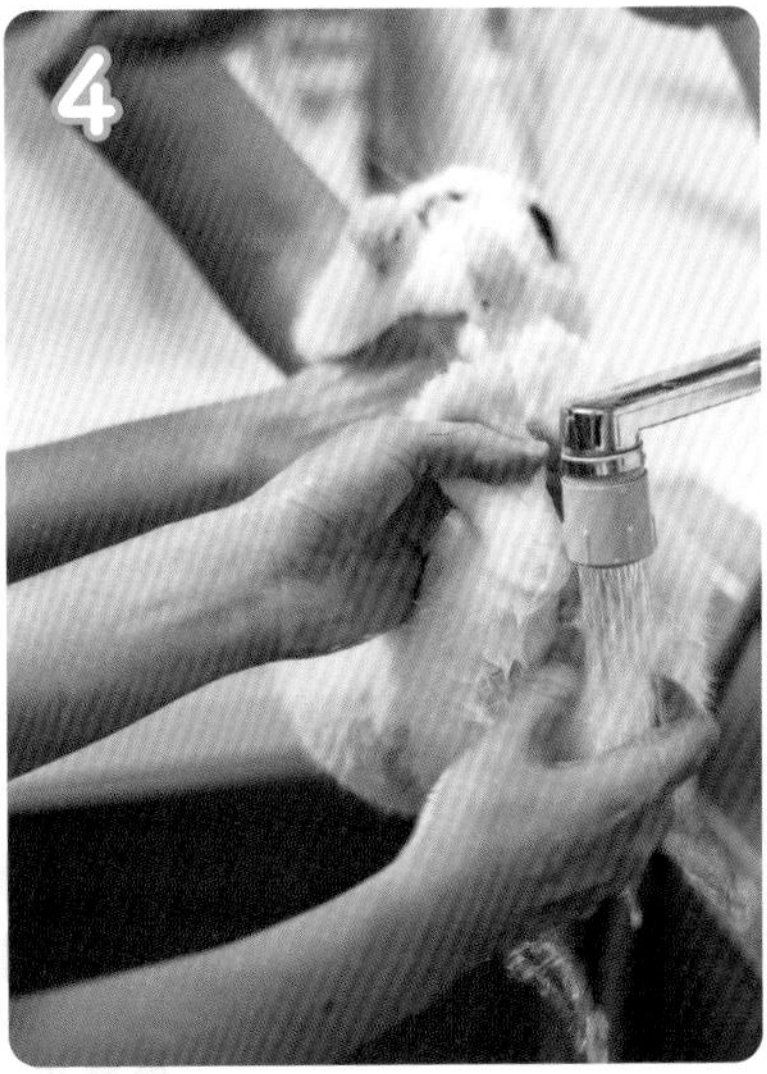

泡をしっかりとすすいで落す。

タオルで水気をよく拭き取る。

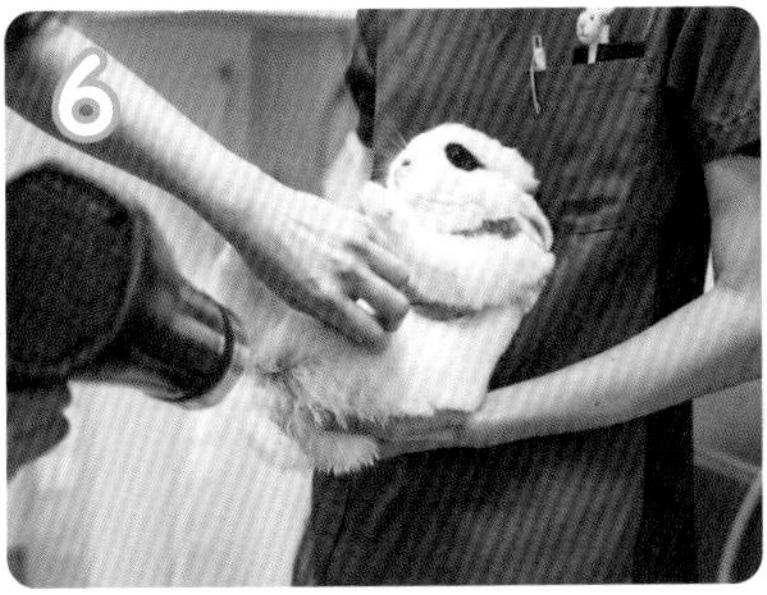

ドライヤーで毛をかき分けるようにしながらしっかりと乾かす。ドライヤーはうさぎの体から20cmほど離して、温風と冷風を交互に当てて、うさぎへの負担を少なく。

POINT

うさぎの毛は密に生えているので、乾かすのに時間がかかります。タオルで水分をよく拭き取っておくことが重要です。

一人で洗える？

お尻洗いは嫌がるうさぎも多いので、家庭で行う場合はなるべく二人体制で行う方が良いでしょう。どうしても難しい場合は一人でやるか、ショップや病院に頼るのも手です。

うさぎが若くて健康なうちはお尻を洗う際に暴れてしまうことが多いので二人掛かりが安心ですが、病中やシニア期はおとなしいケースも。その際は、お風呂場にたらいやケースを用意し、たらいにお湯を張って汚れをふやかしながら洗うと良いでしょう。

写真は介護中のキティちゃん
（138ページ参照）。

いざというときのために！

投薬＆強制給餌のHow to

お薬を飲むこと、食べることは病気を治すのに必要不可欠。
飼い主さんが弱ったうさぎの力になれるよう、
ふだんからイメージトレーニングをしておきましょう。

準備するもの

- シリンジ
- 薬
- 水
- 動物用シロップ（必要な場合）

投薬

野菜などに塗りつけて食べさせるのが簡単です。それができない場合は、ここで紹介するようにシリンジで与えましょう。

粉薬の入っている袋の上部をカットする。

袋の角に薬を集め、水（約0.4ml）を加える。水だけで飲める子はこのまま④へ。

薬の味に敏感な子には、動物病院でシロップを出してもらい、②にシロップを2～3滴加える。

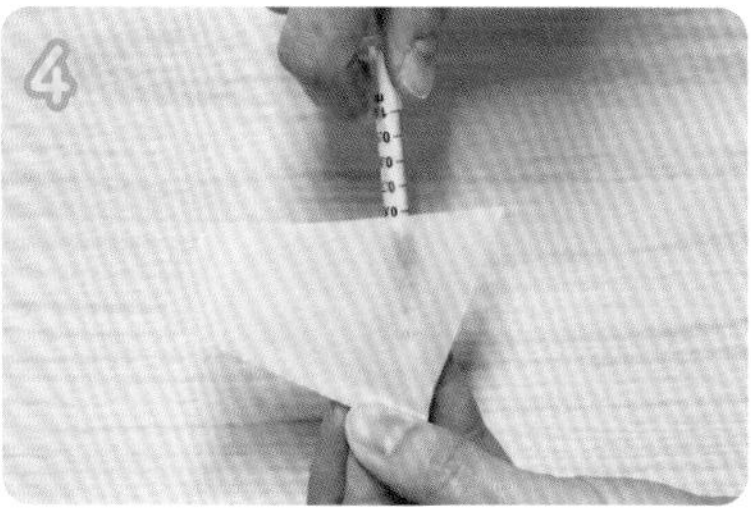

袋の中でシリンジの先で混ぜるか、「吸う・出す」を繰り返して薬を溶かし、全量をシリンジで吸い込む。

一人で投薬する場合

1. 床の上に座り、ひざの間にうさぎをはさみ込むようにして保定する。
2. 片手で顔を支える。
3. もう片方の手で口の脇（前歯の横）から口の奥に向かってシリンジを差し込み、ゆっくりと中身を押し込む。

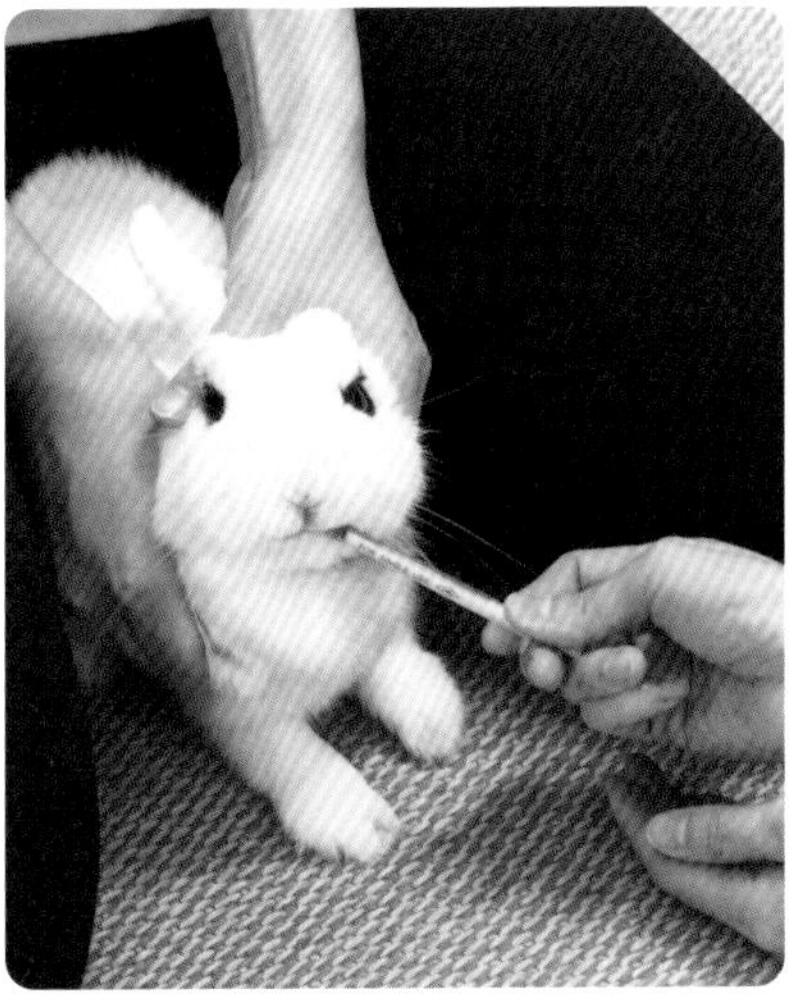

二人で投薬する場合

1. 一人が保定を行い、うさぎが動かないようにしっかりと押さえる。
2. もう一人が口の脇からシリンジを差し込む。

POINT

シリンジを口の中に差し込む目安は3cmほど。浅いと口からあふれてしまいます。喉に向かって薬を流し込むイメージで、斜めに差し込むのがコツ。

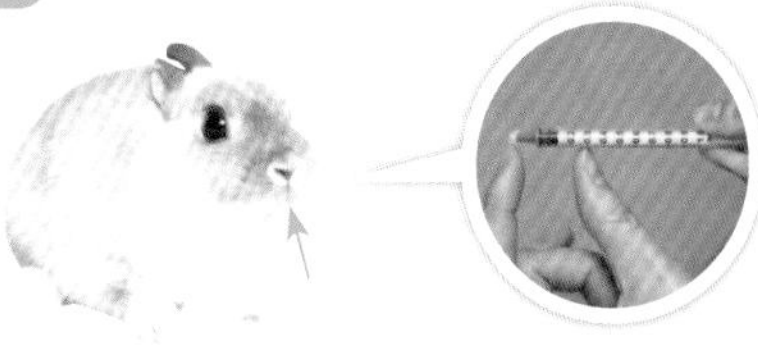

強制給餌

ごはんを自力で食べられなくなったときは、流動食を作りシリンジで食べさせます。獣医師の指導を受けてから行うようにしましょう。

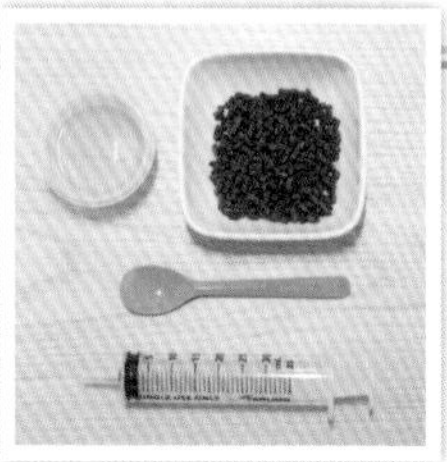

準備するもの

・シリンジ

・スプーン

・ペレットorパウダーフード

※ここではコンフィデンスプレミアム（60ページ参照）を使用

・温めたジュース（15cc）

・水（15cc）

※ジュースを入れずに作る場合はお湯（30cc）を用意する。

※上記分量は30cc作る場合の目安。水分は作りたい量に合わせて調整してください。

流動食の作り方

1 ジュースと水を混ぜ、約50～60度に温める。

2 ①の中にペレットを入れる。

3 ペレットがひたひたに浸るくらいの量まで入れたら、2～3分置いてふやかす。

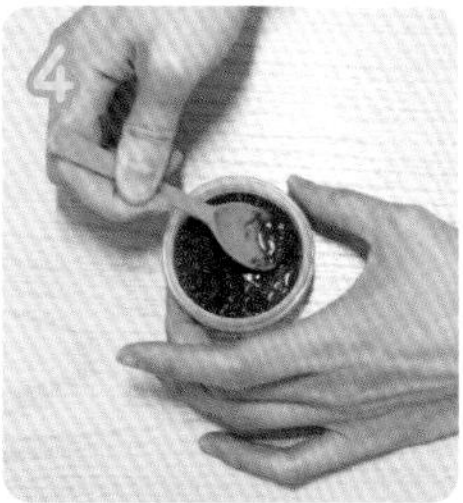

4 スプーンで潰しながら混ぜる。混ぜながら冷まして、人肌くらいの温度にし、ドロドロのペースト状にする。

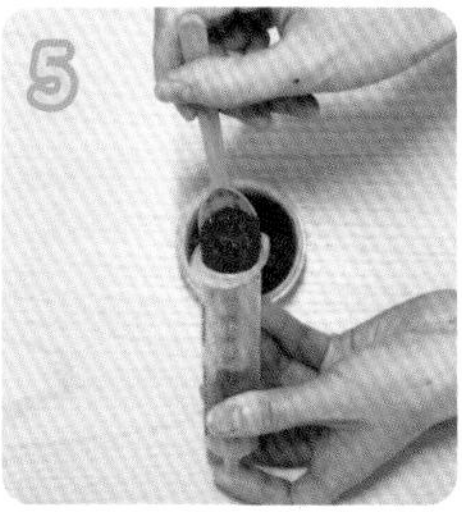

5 ④をスプーンでシリンジに入れる。

毎日作る場合は、①のジュースのみをあらかじめ1回分ずつ製氷器などに小分けにして保存しておくと便利。解凍の目安は500wで30～40秒ほど。

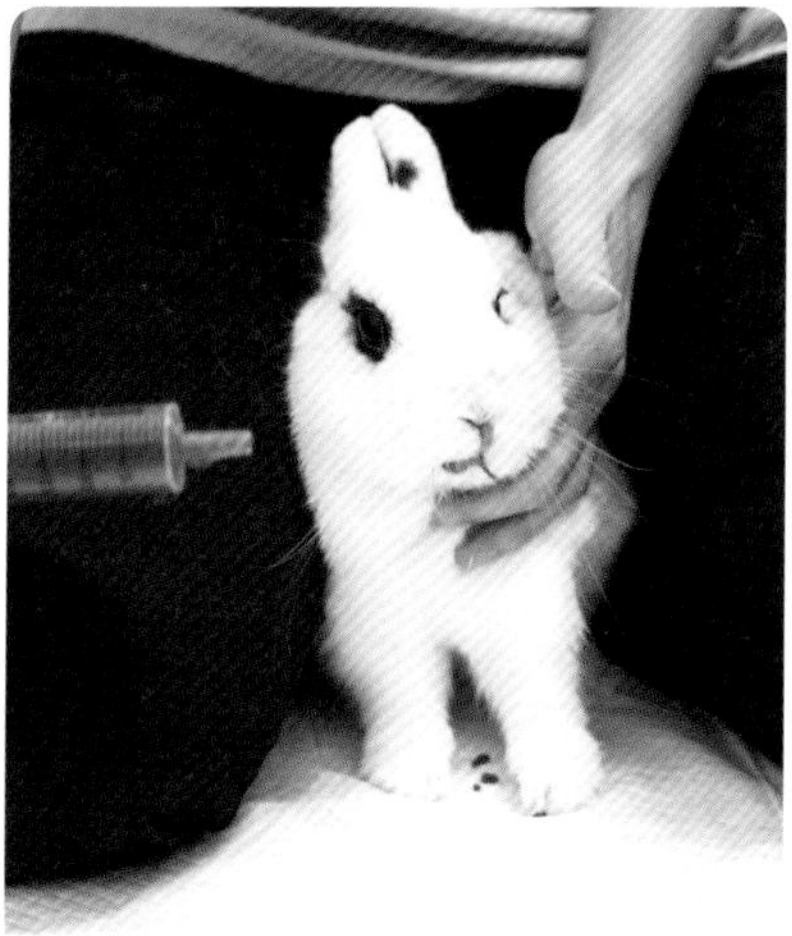

座って行う場合

1. 床の上に座り、ひざの間にうさぎをはさみ込むようにして保定する。
2. 片手で顔を支え、もう片方の手でシリンジを差し込む。
3. シリンジの先の細い部分をすべて口の中に差し込み、1目盛り分中身を押し込む。
4. 入れたらすぐに引き抜き、モグモグと咀嚼してうさぎが飲み込むのを待つ。
5. 飲み込んだらまた差し込み、1目盛り分押し込むのを繰り返す。

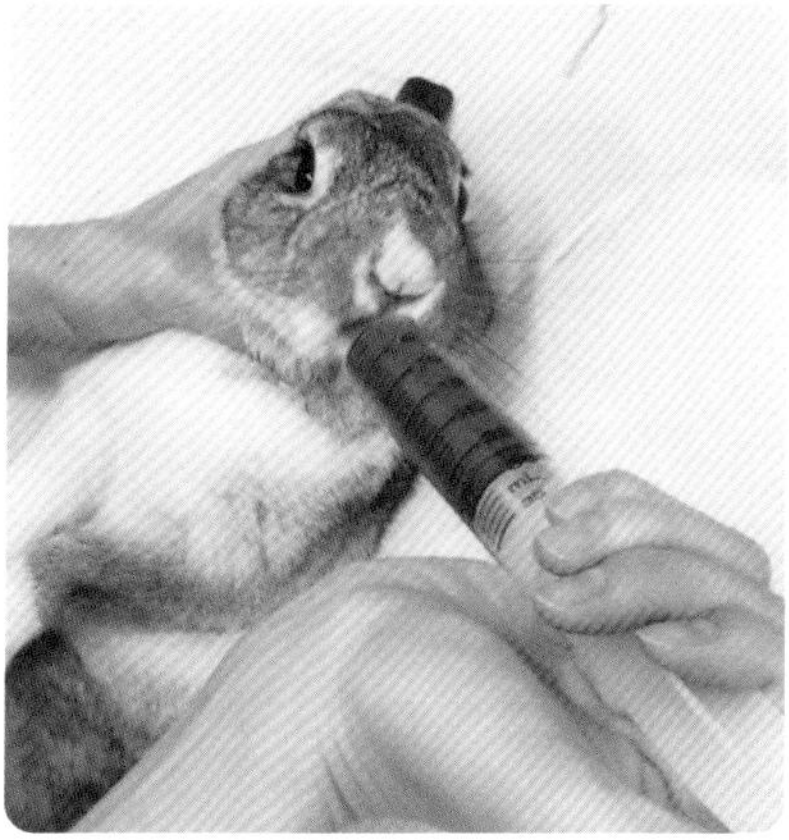

仰向けで行う場合

1. ひざの上でうさぎを仰向けにして保定する。

2～5は上記と同じ。

POINT

仰向けで与えるときは、誤えんを防ぐため頭が体よりも下にならないようにしましょう。

強制給餌のコツ

・必ずうさぎの食べるスピードに合わせて。
・シリンジを口へ差し込む際はしっかりと顔を抑えましょう。
　ただし、食べているときはうさぎが顔を自由に動かせるよう、抑え込まないように。

シニア期・病中の強い味方！

ふやかしペレット

普通のペレットを食べることができないけれど、強制給餌をするほどではない状態や歯の治療中などにおすすめなのが、ふやかしペレットです。

110ページで紹介する流動食の作り方で、水分少なめ、ペレットの量を多めにして作ります。それを粘土ほどの硬さまでふやかしたら完成です。お皿にうず高くこんもりと盛りつけるとさらに食べやすさアップ。そのときのうさぎの状態に合わせて食べやすい形状を探りましょう。丸めてお団子状にしたり、スプーンで口元に運んで食べさせても。

4章

シニアのヒミツ

人よりも年をとるのが早いからこそ、シニア期は必ず訪れるもの。
長生きしてくれたうさぎたちをねぎらう特別な時間に、
今から備えましょう。

うさぎの老いと向き合う

元気に長生きするコツは？

ご長寿うさぎになるために、若いころから気をつけたい大事なことが2つあります。第一は食事。「イネ科の牧草を主食にする」「おやつを与えすぎない」という基本を守りましょう。

第二に生活環境。たとえばフローリングの床で若いころから過ごしていると、足腰への負担が蓄積し、年をとってから問題が出てくることも。うさぎの体に負担をかけない環境づくりは長生きのカギです。

老化による不調のサインを見逃さないで

歳をとると体の機能が衰えてくるのは、生きものの自然な姿です。だからといって、「高齢だから仕方ない」と飼い主さんが思い込むと、不調のサインを見逃してしまいがちです。いつもと違う様子が見られたら、そこに病気が隠れていないかを注意深く観察してください。食欲や元気に変化が現れたら、うさぎの年齢のせいには決してせず、動物病院で診てもらいましょう。

治療方針を決めておこう

病気になったとき、うさぎは自分でこうしてほしいと言えません。治療に関しては、飼い主さんの決断が不可欠です。場合によっては長期の通院が必要になることも。体が弱っているときにどこまで検査や手術を行うか。どこまで時間とお金をかけるのか。「できる治療があるならとことんやる」「体に負担をかけない最低限の治療を」など、飼い主さんがどうしたいかと、どのような選択肢があるのかを知っておくことが肝心です。そして、うさぎが健康なうちに「わが家の治療方針」を考えておきましょう。

うさぎも飼い主もハッピーなシニアライフ

うさぎたちはいつの間にか飼い主さんの年齢を追い越し、おじいちゃん、おばあちゃんになっていきます。それを悲観的にとらえるか、ありのままを受け止めて肯定的にとらえるかで、シニア期に見える景色が変わってきます。

うさぎの介護や看護のために、自分を犠牲にしてまでうさぎに尽くし、がんばりすぎてしまう方も少なくありません。一方で、うさぎは人の気持ちを敏感に感じ取るので、飼い主さんが辛く悲しい気分だと、うさぎも不安を感じる老後になってしまいます。

シニア期は〝幸せの時間〟と発想の転換を

幸せなシニア期を過ごすために、本書では発想の転換を提案します。

シニア期は、若いときよりも共に過ごせる時間が長い、特別な時期だととらえてみませんか？　長く生きられたことを祝う、ねぎらいのお世話タイムと思ってみるのはどうでしょうか。過ごしやすい生活環境を工夫したり、食べやすい食事を研究したり。介護の時間も、うさぎと濃厚に過ごせるラッキータイムと思えば、苦になりませんよね。うさぎは体が衰えていく分、飼い主さんに頼るようになって、甘えん坊になる子もいれば、わがまま放題に飼い主さんを振り回してくる子も。そんなシニア期ならではの性格や関係性の変化も楽しみながら、適度な距離感を持ってお世話できると、うさぎにとっても飼い主さんにとっても辛くなりすぎない時間を過ごせます。そして、長い年月を共に過ごしてきたうさぎたちは飼い主さんの言葉を理解できるようになっています。毎日「かわいいね」「すごいね」「大好きだよ」「ありがとう」などのやさしい言葉をかけてあげれば、頑固になりがちなシニアうさぎの心も愛で満たされていくでしょう。

飼い主さんが穏やかな気持ちで、いつでも笑顔でうさぎに接することができれば、お互いにハッピーなシニアライフになるはずです。

シニア期のヒミツ

うさぎのシニア期はいつから？

老化のサインが出てくるのは、6～7歳ごろから。個体差はありますが、7歳になったらシニア期といえるでしょう。うさぎの平均寿命は8～9歳といわれていますが、最近では10歳以上のご長寿さんも。ちなみに日本人の平均寿命は、84歳。うさぎの年齢を人間に換算すると、9歳で76歳、10歳で83歳くらいなので、10歳まで生きられたら大往生といえますね。

14歳10ヶ月！
さくら（♀）

ウサギ専門クリニックvinakaの患者さんの中で最高齢。

うさぎのライフステージ

赤ちゃん期
（～生後８週間）

生まれてから８週間は母うさぎと一緒に暮らします。母乳で育つことで、腸内細菌が健康に。きょうだいと遊ぶことでうさぎとしての社会性も身につけます。

※写真のうさぎは生後約15日。

人間でいうと…
0～1歳くらい

子うさぎ期
（～生後６ヶ月ごろ）

元気いっぱいでやんちゃな時期。食べ物の好みや体の基礎はこのときにつくられ、３～４ヶ月で性成熟を迎えます。

人間でいうと…
2～12歳くらい

思春期

（6ヶ月～1歳ごろ）

子どもからおとなへと成長する時期。心も体も育ちます。
この時期はナワバリ意識が芽生えることで、おしっこによるマーキングやマウンティングなどの性的行動も増えやすくなります。

人間でいうと…
13～20歳くらい

おとな期

（1～6歳ごろ）

気力・体力ともに充実！　好奇心旺盛で活発に過ごします。
毎日の適度な運動や遊びが必須。誤食やケガにも注意したい時期です。

人間でいうと…
20～50歳くらい

シニア期

（7歳ごろ～）

体が少しずつ衰えてきて、性格や行動も若いころに比べて穏やかになります。
老いの速度はうさぎそれぞれ。5歳になったら、食事や環境を見直すべきかどうか意識し始めましょう。

人間でいうと…
60歳～

シニアうさぎの特徴

個体差はありますが、
シニアになると左のような特徴が出てきます。

体
痩せて背骨が浮き出し
ゴツゴツしてくる

耳
足腰が衰えて耳掃除が自分で
うまくできなくなり、耳垢が溜まりやすくなる

目
・目やに、涙が出やすくなる
・白く濁ってくる
（白内障は127ページ参照）

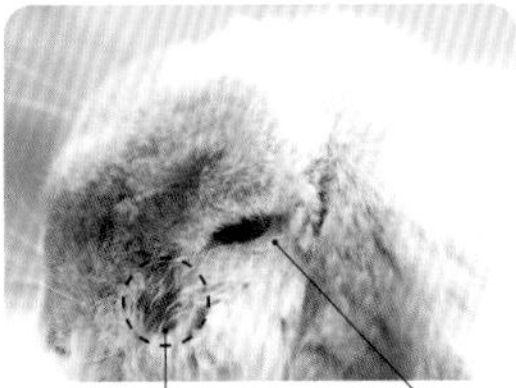

視覚・聴覚・嗅覚も
衰えてくるよ

脚
踏ん張りが
ききにくくなる

シニアになったら

毎日かかさず健康チェック！

☑元気はある？

目の輝きや反応など、体に触れながらいつもと違ったところがないかチェック！

☑食欲はある？

ごはんをあげたときの食いつきや、食べ残しがないかなどをチェック！

☑きちんと排泄している？

おしっこやフンの量、フンの形や大きさは正常かチェック！

お尻

フンで
汚れやすくなる

毛

・毛づやがなくなりボサボサしてくる
・毛割れが多くなる
・白髪が出てくる
・ひげの張りがなくなる

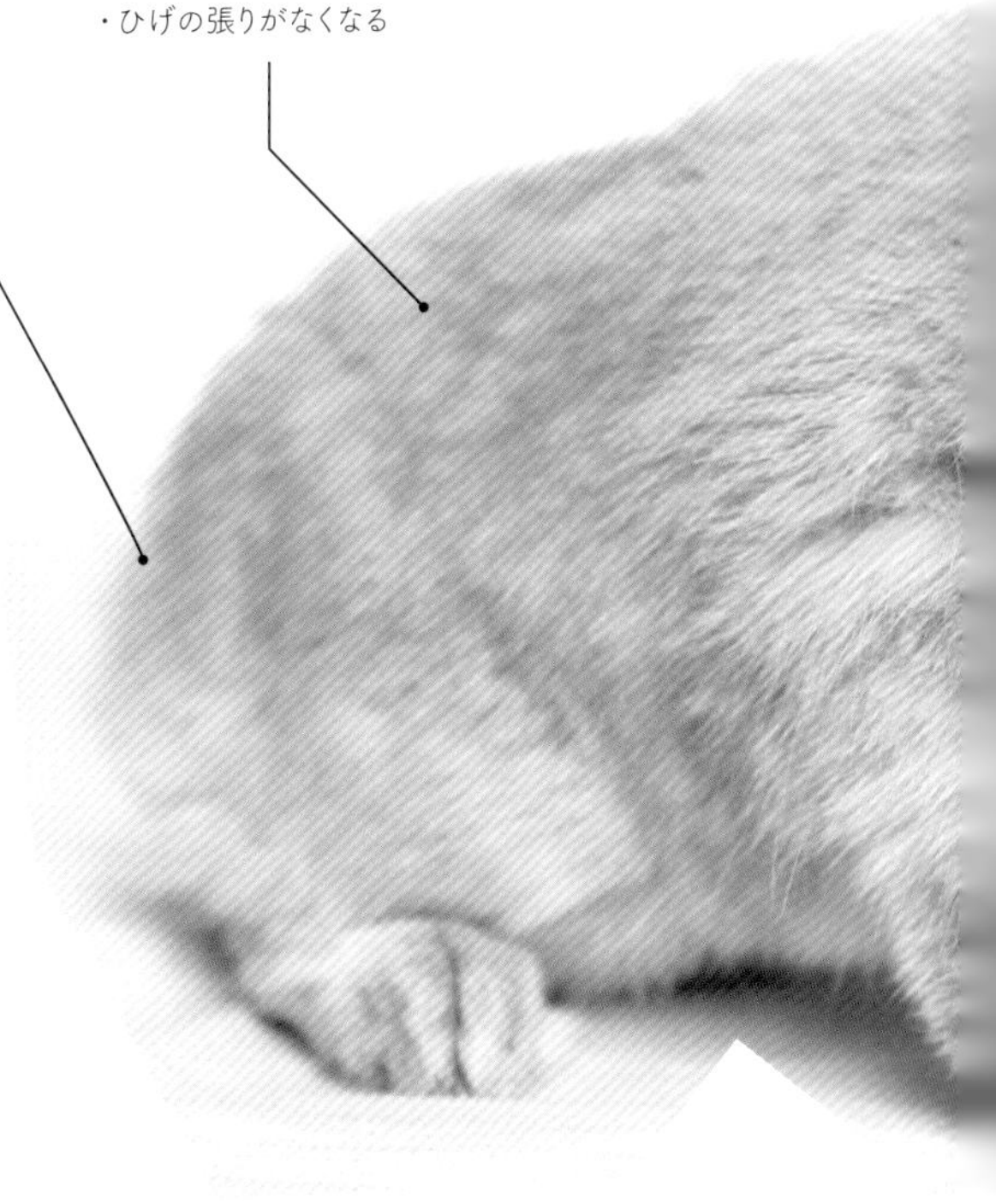

お手伝い、お願いします！

シニアうさぎ
かりん・8歳（♀）

シニアになると新陳代謝が落ち、換毛がなかなか終わらなかったり、足腰が衰えてうまく盲腸便を食べられず残してしまうことも。若いころとは違うことを受け止めて、ブラッシングや盲腸便を拾って食べさせてあげるなど、飼い主さんが毎日のお手伝いをしましょう。

シニアうさぎの暮らし

シニアになると足腰が衰え、運動能力が低下します。シニア期はバリアフリー環境を整え、段差につまずいたり跳び損ねたりしてケガをしないよう対策しましょう。

レイアウトを大幅に変えるとうさぎが混乱してしまうこともあります。ロフトをなくす場合は、急にロフトを取り払うのではなく、たとえばロフトの位置を1cm下にずらしても問題ないか、数日はうさぎの様子を見て確認するのを繰り返し、段階的にバリアフリーに移行しましょう。

バリアフリーの三カ条

1. 環境内の段差・障害物をなくす
2. 足裏の負担をより軽減させる
3. 食べやすい、飲みやすい環境に

環境づくりの例

若いころに比べてどんな工夫をしたらいいの？　とお悩みの飼い主さんへ。どんな工夫が我が家のうさぎの体により合うのかを検討してみましょう。

CASE 1

若いころは…

ロフト付きケージ

シニアになったら

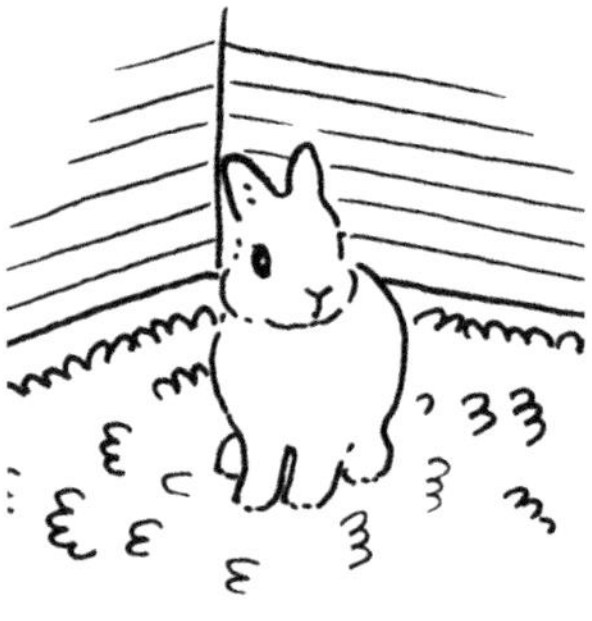

ロフトを外してフラットなケージに。
トイレも段差をなくすのがポイント！

CASE 2

若いころは…

ケージから跳び下りて出入り

シニアになったら

ステップ台を置いて出入りしやすく

CASE 3

若いころは…

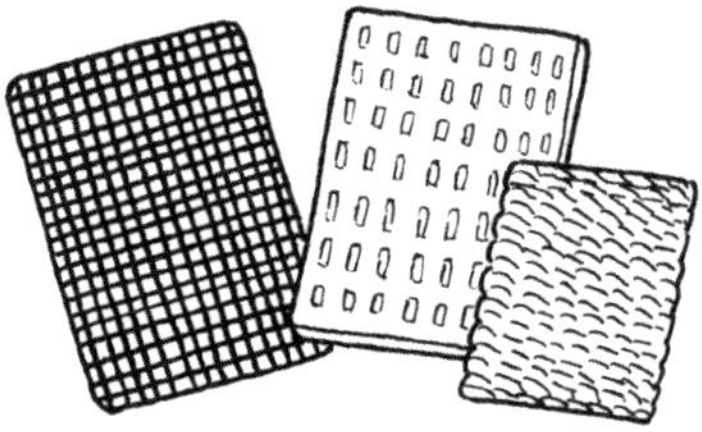

金網やすのこの床＋ワラ座布団

シニアになったら

やわらかい素材（マットなど）に

CASE 4

若いころは…

気にかけていなかった食器類

シニアになったら

楽な姿勢で飲食できるように

高さのある食器に代え、給水ボトルの位置は口元の高さに合わせる。水皿も併用を。

ご長寿さんの暮らし拝見！

憧れの10歳越えシニアうさぎと暮らす飼い主さんに、
暮らしぶりを教えてもらいました。

わんちゅく（♂）

11歳
飼い主さん：◎ atsuno93

　6歳ごろから白内障を患っていたわんちゅくくん。9歳ごろから、シニア期に入ったのもあってか白内障が進行。行動範囲が狭くなってきましたが、壁伝いに動いて自分でケージを出入りします。通院頻度も増えましたが、歳をとっておおらかになり、移動後もすぐにくつろいでいる姿に飼い主さんも驚いているとか。ケアする時間が増えたことで、抱っこして向かい合うことが増え、親密度が高まったと感じているそうです。

生活空間

土間の角にケージを設置。壁から離れすぎない位置で遊んだりケージに戻ったりして過ごすそう。

投薬

両目とも6歳から白内障、10歳から水晶体脱臼状態に。2～4週間ごとの定期受診に加え、1日4回ほどの点眼、1日1～2回の投薬を自宅で。

ケージの工夫

シニアになってからは牧草は立てずに短く切って、お皿にセット。敷物やスロープは嫌がってどかしてしまうので、他は若いころとあえて変えずに。目のケア後は、お気に入りのぬいぐるみに抱きつくのが好きだそう。

長生きの秘訣をお聞きしました

わんちゅくは我が家で3代目のうさぎです。前の2匹の経験から、家族みんなが余裕を持ってお世話できている気がします。最低限の知識は必要ですが、神経質に調べすぎたりして頭でっかちになるのではなく、うさぎと向き合って一緒にどうするべきか考えることが大切だと思います。長生きするのがエライのではなく、それぞれある寿命を、飼い主とうさぎで最後まで楽しく全うするのが素敵なことだと思って過ごしています。

（atsuno93さん）

10歳ごろから体が痩せてきたROCKちゃん。13歳ごろからは走り回ることも減り、寝ている時間が長くなったことで飼い主さんもシニアになった実感を持つようになったといいます。15歳になってからは、丸まって寝ているときに倒れてしまうこともありましたが、自力で起き上がる元気もあり、ごはんもよく食べる「スーパーシニア」でした。取材中に残念ながら老衰で亡くなってしまいましたが、直前まで体を起こすことや食べることを諦めなかったロックなうさぎさんです。

ROCK（♀）

15歳
飼い主さん：◎ rock_usagi

生活空間

リビングの一角にケージを設置。窓際には日なたぼっこできるスペースも。

まくらがお気に入り

ケージの工夫

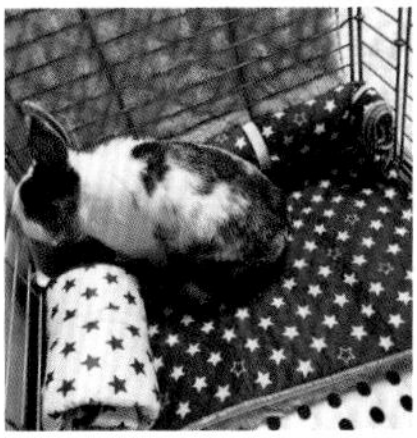

シニアになってから、出入口にステップを置いて自分で出入りしやすく工夫を。若いころからソアホックになりやすかったので、わらマットを敷いていましたが、寝ている時間が長くなったのでふわふわの吸水性のあるマットにチェンジ。ケージ周りにはクッションを取り付けて寄りかかれるようになっています。

お尻・足洗い

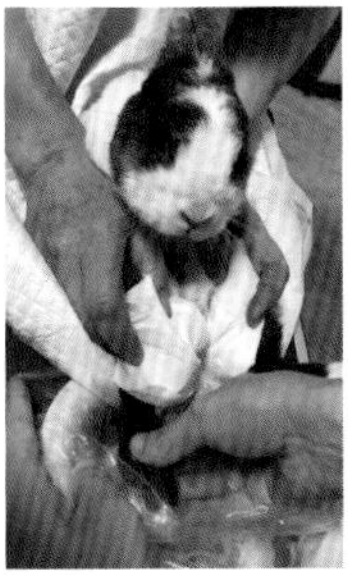

お尻や足の汚れがひどいときは、ペットシーツでくるんで抱っこし、たらいにビニール袋を入れてお湯を張って洗います。ビニール袋を入れることで、暴れた場合もお湯が飛び散る量を少なくできます。

長生きの秘訣をお聞きしました

運動と健康管理が一番大事かなと思います。いつも家族みんなでROCKの体調を気にかけていました。うっ滞を何度も経験したので、その前兆が見えたときはおなかマッサージをしたり、乳酸菌を多めに与えたりして、うっ滞がひどくならずに済むよう心がけたり。それから優しい声かけや、たくさん会話をすること。毎日寝る前に「また明日遊ぼうね。元気に長生きしてね」と声をかけていました。　（rock_usagiさん）

シニアの食事

主食の牧草は　うさぎの好みに合わせて

シニアになると歯が弱くなるため硬い茎を噛み切るのが苦手になったり、こだわりが強くなって好きな牧草以外は残すようになることも。いつもの牧草をあまり食べないようであれば、柔らかくて食べやすい二番刈り、三番刈りのチモシーや、嗜好性の高いオーツヘイ、イタリアンライグラスなどを与えてみましょう。痩せて体重が減ってきている場合は、イネ科の牧草よりも高タンパクな、マメ科のアルファルファを少し混ぜるのもよいでしょう。

シニア用ペレットは　目的別に選ぶ

「シニア用」として売られているペレットは、いくつかのタイプに分かれます。消化吸収が悪くなってきたことを想定して大人用よりもハイカロリーのタイプ、目的別（関節保護作用や、毛ヅヤや免疫力アップ）のタイプなど。ハイカロリーの場合、体重が増えすぎてしまうこともあるため、切り替え前後の体重の変化を観察しながら与えます。切り替えは初めは9：1の比率で少量ずつ混ぜ始め、数日かけて新しいペレットに慣らしていきましょう（ペレットの詳細は58ページ参照）。

ふやかしペレットや流動食という選択も

歯が弱くてペレットを噛み砕くのが負担になる子には、「ふやかしペレット（112ページ参照）」を作りましょう。ペレットに少量の水を混ぜ柔らかくして、お団子のような状態にします。お皿に盛り付けるときは高さを出すと、うさぎが食べやすくなります。

ふやかしペレットも食べられないうさぎには、流動食があります。専用のパウダーフードやペレットをお湯（果物や野菜のジュースを混ぜても）で溶かし、シリンジで与えます（与え方は110ページ参照）。流動食を与えるときは獣医師に相談してください。

ふやかしペレット

こんもりと盛り付けると、シニアや病中でも食べやすい。

ご長寿さんのごはん

122－123ページに登場した2匹のごはんを紹介します。

CASE 1

わんちゅく

10歳ごろからにおいを感じにくい様子が見られたというわんちゅくくん。特にペレットは出してしばらく経つとにおいが飛んでしまうのか、あまり食べなくなったそう。

野菜や果物類の食いつきが悪いときは、少し切れ目を入れて香りを出すと食べてくれることが多いとか。

ペレットも2～3種類を常備し、その日の食いつきの良いものを選んでいます。

CASE 2

ROCK

朝・晩にペレットと乳酸菌を。チモシーは二番刈りのやわらかいものを細かく切っていつでも食べられるように。おやつのドライフルーツと乾燥野菜も、喉に詰まらせないよう小さく切って与えます。

おやつはいざというときに頼りになる

食欲不振で体調を崩しやすいのがシニア。大好物のおやつなら食べられるというケースもあるので、大好物を見つけておくのは大事です。

シニア期に多い病気

シニアになると増える
うさぎの病気を知っておこう

人間もうさぎも、歳をとると体の機能が衰え、体調を崩しやすくなります。体力や免疫力も落ち、回復に時間がかかることも。シニアになったら病気は避けられないという覚悟を持つとともに、病気の早期発見・治療のために、次のことを心がけましょう。

- **病気のサインを知り、普段からよく観察する**
- **異常があったらすぐに受診する**
- **定期的に健康診断を受け、体の状態を把握する**

病気のサインを知っておくと、どんな病気が隠れているかの見当がつくようになります。

信頼できる 動物病院の見つけ方

元気なうちに、信頼のできる主治医を見つけておきましょう。定期健康診断を受けていると、病気の早期発見にも役立ちます。検査できる内容は病院によって異なるので、事前に確認してください。

☑うさぎの扱いに慣れているか

うさぎを安定して保定でき、スムーズに扱えているかをチェック。

☑相談がしやすいか

些細なことでも相談できる、話しやすい雰囲気かチェック。

☑検査や治療内容の説明に納得できるか

必要な検査や治療について、納得のいく説明をしてもらえるかチェック。

☑通いやすいか

家からの距離、料金などをチェック。定休日に行けるサブ病院も見つけておきましょう。

目の病気

サインから考えられる病気

白内障

加齢により起こりやすくなる病気。水晶体が白く濁り、視力が低下します。進行すると失明に至りますが、早期から環境を整えておけば生活にはあまり影響が出ないケースも多くあります。

【治療】 目薬で進行を遅らせます。

サポート

- ○ ぶつかりやすくなるので、うさぎの生活スペースに角ばったものなどを置かないようにしましょう。
- ○ 急に触ると驚かせてしまうので、声をかけてからふれあいを。

病気のサイン

目が白く濁る

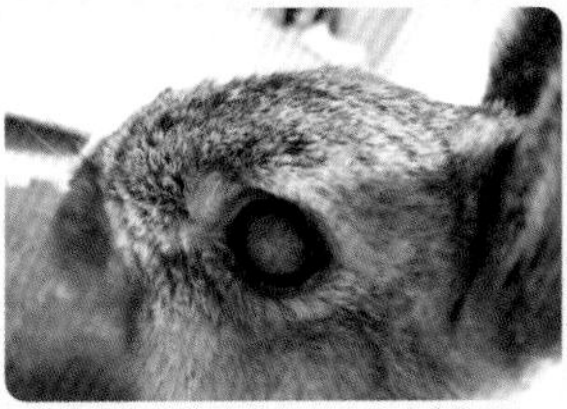

サインから考えられる病気

結膜炎、角膜炎など

外傷や細菌感染、鼻涙管《びるいかん》の詰まりなどが原因で、結膜や角膜に炎症が生じる病気です。

【治療】 検査をして原因を調べ、鼻涙管洗浄や点眼を行います。

サポート

- ○ おしっこのアンモニアや、ほこりなどの異物が目を刺激し炎症の原因になることがあるため、生活環境は清潔に。
- ○ 牧草入れに立てて入った牧草がうさぎの目を傷つけることがあるため、牧草は横向きに入れるか直置きに。

病気のサイン

目やに、涙が出る

消化器の病気

サインから考えられる病気

胃腸うっ滞

「うっ滞」とは胃腸の動きが悪くなった状態のこと。胃腸が動かないと食べたものやガスが溜まり、食事ができなくなります。

【治療】 胃腸の動きを促す薬を投与します。

サポート

○ 野菜などの好物を用意して、食欲を刺激しましょう。強制給餌は獣医師の指示に従って（110ページ参照）。

○ おなかのマッサージは症状によっては逆効果になることも。あまり強くやらずに、するとしてもおなかを温めるように優しくなでる程度に留めましょう。

病気のサイン

- 食欲がない
- ウンチが小さい、毛でつながっている
- じっとうずくまっている
- 座ったり体を伸ばしたりと体勢が落ち着かず、もぞもぞしている

胃腸うっ滞を予防するには？

牧草をしっかり・たくさん！

シニアうさぎは老化により胃腸の動きが低下し、うっ滞を起こしやすくなります。食べたものが胃腸で固まらずスムーズに流れていくためには繊維質が必須。シニアになってからも牧草をしっかり食べることが重要です。

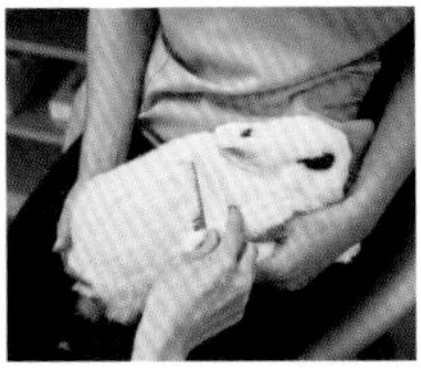

換毛期は抜け毛を多く飲み込んでしまうので、グルーミングをしっかりと。

飼い主さんの意識を変えるのも予防の一手

実は、ストレスもうっ滞の一因になります。うさぎがストレスを感じていないか環境をあらためてチェックすることが大事です。

そして、飼い主さんが繊細な気質だと、一緒に暮らすうさぎも繊細でストレスを感じやすくなる傾向があります。自分ってそういうところがあるかも…と自覚がある飼い主さんは、ぜひおおらかな気持ちでうさぎさんと接するようにしてみましょう。

心臓など胸部の病気

サインから考えられる病気❶

胸腺腫《きょうせんしゅ》

胸にある胸腺が腫瘍化する病気。腫瘍が大きくなると心臓や肺を圧迫することも。

【治療】 ステロイド療法で進行を抑えます。

病気のサイン

- 呼吸が荒い
- 運動後にすぐ休む
- 横にならない

サインから考えられる病気❷

心筋症、弁膜症など

老化に伴い心臓の機能が低下し、血流に影響が出て呼吸困難などを起こす場合も。

【治療】 血圧を下げる薬などを投与します。

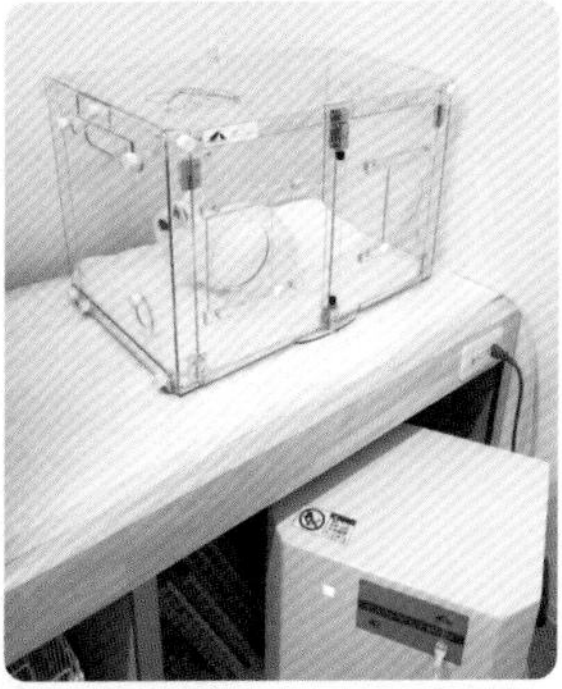

酸素室。レンタルの場合はサイズが選べる。

サポート

○ どちらの病気も、心臓の負担を軽減し呼吸を楽にしてあげるためのサポートが必要です。レンタルできる酸素マスクや酸素室の利用もおすすめ。

○ ただし費用がかさむことが多いので、導入前に病院や家族とよく話し合いましょう。

呼吸の異常に気づこう

胸部に問題がある場合は、以下のような呼吸の様子が見られます。

- **鼻の穴を広げて呼吸する**
- **呼吸しているときに、おなかが大きく動く**

しかしこのサインはわかりにくく、飼い主さんが気づかないうちに病気が進行してしまうケースも。

動画をCHECK!

右のQRコードから、実際の動画を見ることができます。

胸部を圧迫すると苦しいため寝ることができず、ずっと座った姿勢でいることも。

〈呼吸促迫の動画〉

腫瘍、膿瘍

サインから考えられる病気

さまざまな腫瘍、膿腫

「腫瘍」とは、体の組織が異常増殖したもので、良性腫瘍、悪性腫瘍（がん）などのこと。皮膚や骨、循環器、呼吸器、消化器、泌尿器、生殖器など、さまざまな部位に発生します。
「膿瘍」は細菌感染などから膿が溜まるもの。どちらもしこりやできものとなってうさぎの体にできるので、飼い主さんが定期的に触って確認を。異変を見つけたら病院に行きましょう。

【治療】 外科手術で腫瘍（膿瘍）を取り除きます。

サポート

○ ストレスを減らし、免疫力を高めましょう。

○ ソアホックが悪化して膿瘍になることも。清潔な環境を保つとともに、ソアホックや床ずれがあったら早期に治療し、悪化させないようにしましょう。

病気のサイン

- しこり、できものがある
- 痩せてくる

あごにできた毛芽腫（良性腫瘍）。

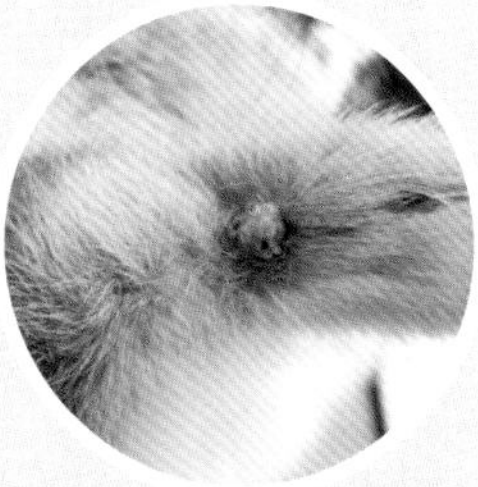

足にできた乳頭腫（良性腫瘍）。

鼻にできた膿瘍。

関節痛、腰痛

サインから考えられる病気

関節のトラブル

歳をとると骨の摩耗や変形から関節痛や腰痛などが起こりやすくなります。足腰が弱くなるのはシニアだから仕方ないと思い込まずに、病気のサインを見逃さないよう注意してください。いつも同じ姿勢でいるのは、運動量が減っただけでなく、体を動かすと痛いからかもしれません。体を伸ばして寝なくなった、食糞ができなくなったなど、以前と変わったと思ったらすぐに受診を。

【治療】 鎮痛剤や関節用のサプリメントを投与し、痛みを和らげます。

サポート

○ 段差をなくし滑りにくい床材を敷くなど、足腰に負担をかけない環境を整えましょう。

○ 小豆カイロなどの低温カイロを使って温めたり、血行を良くするマッサージをしたりすることで痛みが軽減されることもあります。獣医師に相談しながらサポートを。

病気のサイン

- 腰を丸めた姿勢のままでいる
- 段差が上がれない
- 食糞できない
- 毛づくろい中にふらつく

変形性脊椎症
脊椎に痛みがあるため背中を丸めた体勢でじっとしていることが多い。

痛みに気づこう

うさぎの行動や様子がいつもと違う場合には、そこに「痛み」が隠れていることがあります。特にシニアの場合は人間と同じように関節の軟骨がすり減ることで痛みが出やすくなります。体を縮めている、どこかをかばうようにして歩くなどの仕草は「痛み」のサインです。

うさぎの「痛み」を知ることはできませんが、飼い主さんの想像力で痛みを察することは可能です。いつもと違う行動に痛みが隠れていないかを意識的に見るようにしましょう。

歯の病気

サインから考えられる病気

不正咬合《ふせいこうごう》

歯が伸びすぎて咬み合わせが悪くなり、悪化すると何も食べられなくなる病気。
本来、うさぎは牧草をすり潰しながら食べることで伸び続ける歯を摩耗させ、歯の長さを保っています。基本的には繊維質の多い牧草を主食にしていれば防げる病気です。しかし、正しい食餌管理がなされないままシニアになると歯が弱くなり、牧草を食べる量が減ったり、歯根に炎症が起きて歯がずれてしまったりすることで不正咬合になることがあります。

【治療】 伸びた歯を獣医師が削り、長さを調整します。

サポート

不正咬合の改善のためには、牧草をたくさん食べてもらうことが大切です。歯が弱って硬い牧草を食べにくいなら、やわらかい牧草に替えるなど、食事内容の見直しを。

病気のサイン

- **食べたそうなのに食べられない**
- **よだれが出る**
- **食べこぼしがある**

切歯が伸びすぎた状態。

不正咬合から起こる病気もある

伸びた歯が口の中を傷つけたり、歯根に膿瘍ができることで眼球突出や骨融解など、さらなる病気の原因となることもあります（20ページ参照）。不正咬合は放置せずに、次の病気の予防のためにもすぐに病院に行きましょう。

異変を感じたら
年齢のせいにはしないで
病院へ！

腎臓の病気

サインから考えられる病気

慢性腎臓病

腎臓は血液中の不要な老廃物などを排泄し、水分や塩分のバランスを調整する臓器。体に必要なものを再吸収する働きをしています。しかしその機能が低下すると、体に戻さなければいけない水分をおしっことして体外に出してしまうので多尿に。反対に、不要なものを排泄できず、尿毒素が体にまわり気持ち悪さが出ると、食欲減退につながります。

【治療】 皮下点滴を行い、水分を補います。

サポート

○ 一度低下した腎機能は元に戻りませんが、点滴で水分を補充し続けることで、ある程度維持することができます。

○ 自宅で点滴を行える場合もあるので、動物病院で相談を。

病気のサイン

- 水を飲む量が増え、色の薄いおしっこをたくさんする
- 食欲がなく、痩せてくる

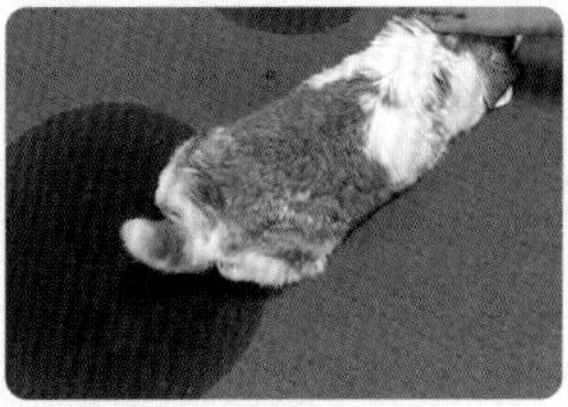

慢性的な腎臓病により多尿となり、合わせて加齢のためにあちこちにおしっこをするように。

血液検査を受けよう

　シニアになると、「歳だから〇〇するのは仕方ないかな…」と、病気のサインを見落としがちです。たとえば、「最近よくボーッとするようになったな」と思い、血液検査を受けたところホルモンバランスの異常があり、甲状腺機能低下症だったということも。

　腎臓病も、血液検査で見つけられる病気です。早期発見のためにも、定期的に血液検査を。

いわゆる「多飲多尿」は腎機能低下のサイン。普段と比較して体調に異変はないかをよく観察しましょう。

サインから考えられる病気

斜頸《しゃけい》

首が斜めに傾いた状態が、「斜頸」。症状は首の傾きだけでなく、眼球が揺れる「眼振」、頭を振る「頭振」、バランスが取れずグルグルと同じ場所を回る「旋回」や倒れたまま回転する「ローリング」など。首が傾くことでバランスが取れず、姿勢が維持できないために食べることもできなくなり、衰弱しがちになります。

【治療】 検査で原因（２大原因は中耳炎・内耳炎、エンセファリトゾーン）を探り、抗生物質や駆虫薬を投与します。

サポート

周りにタオルなどで壁を作り寄り掛かれるようにする、食事中は体に手を添えて起こしてあげるなど、首が傾いた状態でも姿勢を安定させられるよう飼い主さんが工夫を。自力で食べられない場合は、獣医師の指示に従い、強制給餌など食事のサポートを。

病気のサイン

- 首が傾いている
- 眼振がある

ぽんて
（２歳・♂、ホーランドロップ）。
写真は発症後、４ヶ月ほどの時期。
早期発見と治療により、今は元気に走り回れるほどに回復。

早期発見、早期治療を

斜頸は早期発見、早期治療がその後の経過に影響するため、少しでも違和感を感じたらすぐに受診することが重要です。斜頸のサインは最初はごく軽い眼振だったり、ほんの少しの顔の傾きだったりします。一見普段と変わらず、見落としがちなので注意。右のQRコードから眼振の動画を確認してみましょう。

動画を
CHECK!

〈眼振の動画〉

メス、オス特有の病気

サインから考えられる病気

メス特有の病気

病気のサイン

・血尿
・乳腺のしこり

乳腺の病気（乳腺腫瘍など）、子宮の病気（子宮腺がんなど）といったメス特有の病気は、血尿が出て気づく場合が多いです。早期発見すれば乳腺、子宮・卵巣摘出手術を行い回復することもありますが、シニアうさぎは体力が落ちているため手術のリスクも高く、治療は困難に。予防のためにも避妊手術を体力のある若いうち（6ヶ月〜1歳6ヶ月）に行っておきましょう。

サインから考えられる病気

オス特有の病気

病気のサイン

・精巣が大きくなった
・あちこちでおしっこをする

オス特有の病気は精巣腫瘍、鼠径ヘルニアなどがあります。 オスも歳をとると、男性ホルモンが原因とされる病気の発症率が高くなります。治療は摘出手術や、ヘルニア整復手術になりますが、メス同様高齢になってからの手術はリスクもあり、体力のある若いうちに去勢手術をして予防するのが得策です。

おしっこの色を観察しよう

うさぎのおしっこは正常な状態でもオレンジ〜茶色、食べたものによっては赤っぽくなることもあり、血尿と区別がつきづらいもの。トイレに使うペットシーツはおしっこの色がわかりやすい白色がおすすめ。血尿かどうか判断に迷ったら、尿試験紙を使って自宅で検査することもできます。

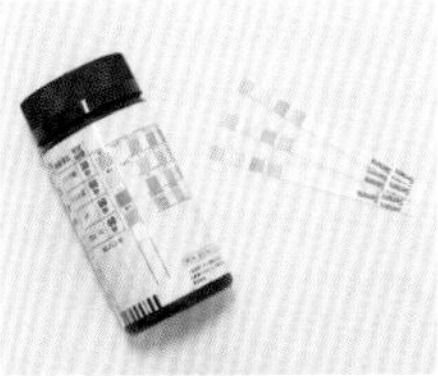

尿試験紙。動物病院で分けてもらうことも可能なので、かかりつけの獣医師と相談を。

介護のヒミツ

体の状態に合わせて うさぎのサポートを

老化や病気が原因で、うさぎ自身ができないことが増えてくると、介護が必要になってきます。体の状態によって介護の内容も変わります。かかりつけの獣医師と相談しながら、うさぎが毎日を心地よく過ごせるよう、飼い主さんがサポートしていきましょう。

ただし、飼い主さんのがんばりすぎは禁物です。長期的な介護が必要になることも視野に入れ、無理のない範囲で悔いのない介護時間を過ごしましょう。

介護の心得

《 心得 ❶ 》

できることに目を向けて

「これもできない、あれもできない」とマイナスな部分を見るのではなく、できることに目を向けて。「今日もごはんいっぱい食べたね」「ちゃんとウンチしてえらいね」そんな毎日の声かけで、うさぎも元気づけられます。

《 心得 ❷ 》

無理をしない

無理をしすぎて飼い主さんが倒れてしまったら、本末転倒です。うさぎも飼い主さんも心穏やかに過ごせるよう、自分のペースを大事に。

介護の基本

状態に合わせた適切な介護をするのがベスト。
獣医師と相談しつつ、行いましょう。

排泄のサポート

お尻周りが汚れやすくなるので、定期的にグルーミングやお尻洗いをして、清潔に保ちましょう。自力で排泄ができなくなった場合は、圧迫排尿が必要になることも。

食事のサポート

うさぎが好む牧草や野菜などを、食べやすい位置に用意。口元に持っていくと食べる子もいます。ふやかしペレットや流動食の作り方も覚えておきましょう。自力で食べられないときは、強制給餌を行う場合もあります（110～112ページ参照）。

生活環境のサポート

ケージには足に優しいマットなどを敷き、転んでしまう子はケガをしないよう壁にもタオルなどでガードを。食器は食べやすい位置に調整しましょう。

〈キルト素材〉

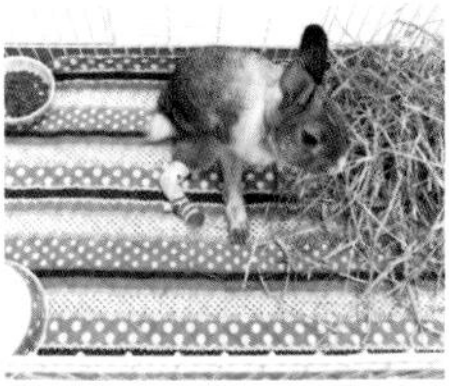

〈低反発クッション〉

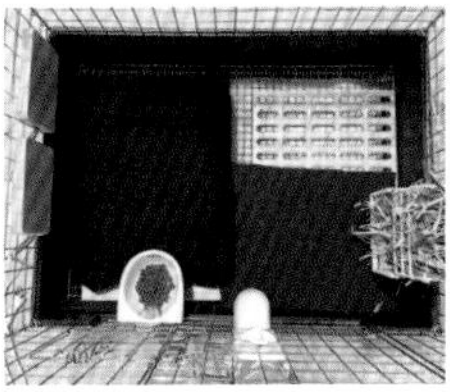

〈SUSUマット〉

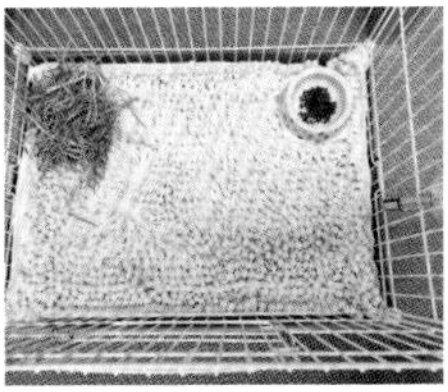

寝たきりになったら

寝たきりになると、寝返りがうてず、排泄物が垂れ流しになることから、床ずれや皮膚炎になりやすくなります。硬い場所に寝ていると体に負担がかかるので、吸水マットやタオル、ペットシーツなどを重ねて、やわらかい寝床を作りましょう。汚れた体やお尻は洗う、敷物をこまめに替えるなど、清潔に保つことが大切です。

また、毛づくろいや耳かきができないため、目の周りの汚れや、耳垢が溜まります。目の周りは濡らしたガーゼなどで拭き取り、耳垢は定期的に動物病院で取り除いてもらいましょう。

体が固くなるので、健康チェックも兼ねて、全身をなでながら、軽く足などをマッサージするのもよいでしょう。獣医師に相談しながら行ってください。

ご長寿さんの介護拝見！

憧れの10歳越えシニアうさぎと暮らす飼い主さんに、
暮らしと介護の様子を教えてもらいました。

10歳まで健康優良児だったキティちゃんですが、11歳前に乳腺炎になり、闘病生活に。病気を乗り越えるも、12歳で神経麻痺から寝たきりになりました。飼い主さんは仕事をしていて日中のお世話ができないと悩みましたが、獣医師に相談し、昼休憩のときに一度帰宅し食事をさせることにしました。夜は3、4時間おきにお世話。隣に布団を敷いて寝ます。一見大変そうですが、「一緒にいられる時間がありがたい。介護ではなく育児と思ってます」と、「うさぎファースト」の生活を楽しんでいます。

PROFILE

キティ（♀）

12歳
飼い主さん：rabbitpyonpyon7

1日のお世話スケジュール

6:00
・マットを替えて水を飲ませる。
・お風呂に入れ、ドライヤーで乾かす。ブラッシングをする。

7:00
・ごはんをあげる。ペレットを口に持っていって食べたらそのまま食べさせる。
・食べなければペレットをふやかして食べさせるか、それを食べなければ強制給餌用のフードを水で溶いて食べさせる。

8:00
・仕事に出かける前にマット交換。
・バナナかりんごをあげる。明日葉かセロリの葉も食べさせる。

13:00 - 12:30
・仕事の休憩時間にいったん帰宅し、ごはんを食べさせる。
・ごはんを食べた後、ペット用のアクアゼリーに水を加えた飲み物を飲ませる。
・明日葉かバナナを枕もとに置いて出かける。

夜
・帰宅。マット交換。
・盲腸フンが落ちていたら拾ってごはん前に食べさせる。
・水分を摂らせ、ごはんをあげる。
・体を起こしてマッサージ。

20:00
・お風呂に入れ、ドライヤーで乾かす。
・明日葉やバナナやドライフルーツなどをあげる。
・マット交換。

23:00
・ごはんと水、明日葉をあげる。
・マット交換。

2:00 - 3:00
・ごはんと水、明日葉をあげる。
・マット交換。

飼い主さん見守りのもと2匹を一緒にすると、ダニエルくんはキティちゃんの顔を舐めてあげたり、ベッドの横に寝転がったりして寄り添う姿が見られるそう。

生活空間

寝たきりのため、生活の中心は床に置いたペット用ベッド。隣にあるのは同居うさぎ・ダニエルくん（1歳）のケージ。ダニエルくんのへやんぽ時間は事故を避けるため、キティちゃんは柵の外に移動。

食事

野菜や果物も

寝たきりになってから牧草は食べなくなったので、主食はペレット。キティちゃんの気分に合わせて食べさせ方を変え、ペレットをそのまま、またはふやかして、スプーンか手で食事を。強制給餌用の専用フードを水やリンゴジュースに溶いてシリンジで飲ませたり、スプーンで食べさせたり。

寝床

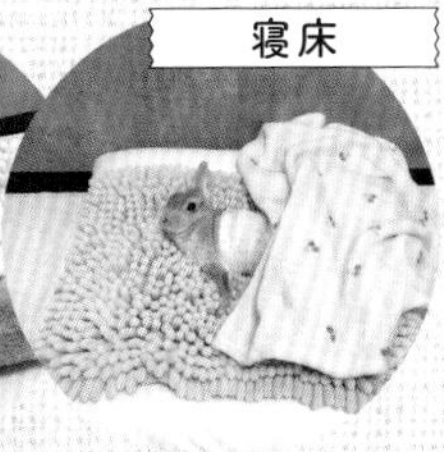

2タイプの寝床を使い分け。寝たきりなので、おしっこをしたら濡れていない半分側に移し、SUSUマット一枚で2回分のおしっこを吸収させるように。マットは一番小さいサイズのものを一日に6、7枚使用。
（右）ビーズクッション＋ペットシーツ＋SUSUマット
（左）ペット用ベッド＋ペットシーツ＋SUSUマット

お世話の必須グッズ

・給餌セット

ペレット、粉末フード、給餌用シリンジ、スプーン。うさぎ専用に作られた食器。

・腹巻

寝たきりだと体を丸めて暖をとることができず、おなかが無防備になってしまうので、代わりに人間用の短めのレッグウォーマーを切って使用。脚が開きやすいよう、お尻の方に4センチほど切り込みを入れ、毎日交換して使用。体が痩せてきたので、お風呂のときも抱きかかえるのに安定してとてもいいとか。

お尻洗い

寝たきりだとお尻周りが汚れるので、毎日必ず。100円ショップで購入した小物入れにお湯を張って洗い、吸水マットの上でドライヤーをかけます。

長生きの秘訣をお聞きしました

どんなにかわいがって大切に同じように育ててきても、虹の橋を渡ってしまう子はいます。キティは運がいいのかもしれませんが、子どもたちをはじめ、家族みんながキティを大事にしてくれて、居心地がいいのが一番の秘訣かもしれません。

（rabbitpyonpyon7さん）

いつか訪れるそのときのために

後悔しないためにできること

うさぎとのお別れは、いつか必ずやってくるもの。シニア期を迎えたら、飼い主さんの心の準備もはじめましょう。少しずつ意識を変えたり、毎日を今まで以上にうさぎと向き合って暮らすことが、後々のペットロスやお世話に関する後悔を和らげることにつながります。

つらいことなので「考えたくない」と目をそらしたままにしてしまう方もいるかもしれません。けれど、結果として急に最期を迎えることになり、後悔が残ってしまうことも。「ごめんね」ではなく「ありがとう」の言葉で見送るために、今からできる心の準備を紹介します。

心の準備

時間は永遠ではないことを認識する

ずっとかわいいうさぎですが、人よりも先に歳をとるという事実を忘れずに、毎日を大切に過ごしましょう。少しずつ心の準備をすることができます。

自分なりの理想の最期を考える

最期はどのように過ごさせてあげたいかという目標を決めます。もちろん、無理のない範囲の、がんばりすぎない目標を設定することがとても重要です。最期のときも、精いっぱいやれることをやりきったと飼い主さんが思えたら後悔は少なくなります。

うさぎに愛情を伝える

毎日、「うちの子でいてくれてありがとう」「たくさんの癒しと笑顔をありがとう」と、悔いのないようにしっかり伝えましょう。

ペットロスの癒し方

お別れで心に空いた穴は、すぐには埋まらなくて当たり前。
無理に気持ちを抑え込むと、悲しみからいつまでも立ち直れず、
日常生活に支障が出てしまうこともあります。
時間をかけてうさぎとの思い出を振り返れば、少しずつ癒されていくはず。

我慢しないで声に出す、泣く

見送った後は、とことん悲しみ、泣きたいだけ泣きましょう。我慢しないで、「寂しい」「悲しい」という気持ちを言葉にして、信頼できる人に話しましょう。

自分をねぎらう

できることを全部やったとしても、まだできることがあったのでは？と後悔してしまうこともあります。そして自分を責めたくなるかもしれません。そんなときは、「うさぎも自分もよくがんばった」と自分に伝えてあげてください。

悲しみは愛情の表れ

悲しくてつらいという気持ちは、その子への深い愛情があるからこそ感じるもの。「この悲しみもうちの子が遺してくれた大切なもの」と思うことができたら、悲しみも受け入れていくことができるはず。

思う存分偲ぶ

部屋の一角に写真やそっくりなぬいぐるみなどを飾り、お祀りスペースを作るのもおすすめ。グッズを作って身に着けたりして、うちの子を想いながら暮らすことで、心が慰められます。

それぞれの正解がある

お別れして間もなく新しい子をお迎えする人もいれば、「うさぎはもう飼わない」という人も。どんな選択も、それがあなたの心が選んだ答えなら正解です。うちの子と暮らした時間が、あなたの中から消えることはありません。自信を持って前に進みましょう！

心の変化を待つ

気持ちを無理に切り替えようとしないで、自分の心が自然と前を向けるようになるまで待ちましょう。「うさぎと一緒に過ごした幸せな思い出を、笑顔で思い出せる日がいつか必ず来る」と信じて。

Special Thanks

撮影協力

《 SHOP 》

Tiny rabbit

ブリーダーが経営するペットうさぎ専門店。

埼玉県朝霞市本町2-20-9
https://www.tiny-rabbit.com/

《 ペレット提供 》

イースター株式会社
有限会社ウーリー
一般社団法人うさぎの環境エンリッチメント協会
株式会社三晃商会
ジェックス株式会社
日本全薬工業株式会社
日本動物薬品株式会社

《 監修 》

ウサギ専門クリニックvinaka

関西唯一のウサギ専門クリニック。
うさぎ以外の動物がいない、ストレスのない院内環境と相談しやすいフレンドリーな環境づくりを重視したうさぎのための病院です。
病気の相談から飼育に関する疑問、介護のことまで気軽に相談可能。

完全予約制

大阪府堺市中区深井清水町3276
http://vinakaclinic.com/

樋口悦子院長

《 撮影協力いただいたvinakaのうさぎさん 》

ウィル、うさ、うさまる、さおとめ、さくら、ジェシカ、姫、Lisa、リュウ

（監修）樋口 悦子　Higuchi Etsuko

ウサギ専門クリニックvinaka院長。幼少期からウサギと共に育ち、さまざまな経験をする中でウサギに特化した獣医師になることを目指す。大阪府立大学卒業後、犬猫の動物病院で一般診療を学んだ後、ウサギ医療の第一人者である斉藤久美子先生に師事。2019年にウサギ以外の動物によるストレスを排除したウサギのための病院を開院。日本獣医エキゾチック動物学会所属。

撮影　横山君絵（カバーほか）
宮本亜沙奈
絵　森山標子
ブックデザイン　黒須直樹
編集・執筆　齊藤万里子
荻生　彩（グラフィック社）

うさぎのヒミツ

2023年4月25日　初版第1刷発行

発行者　西川正伸
発行所　株式会社グラフィック社
〒102-0073
東京都千代田区九段北1－14－17
TEL 03-3263-4318（代表）　FAX03-3263-5297
振替 00130-6-114345
http://www.graphicsha.co.jp/
印刷・製本　図書印刷株式会社

ISBN 978-4-7661-3748-4　C0076
Printed in Japan